現数Select No.2

# 重積分

森 毅 著

現代数学社

本書は 1976 年 9 月に小社から出版した
『ポケット数学③　重積分』
を判型変更・リメイクし、再出版するものです。

# この本を手にとったアナタのために

大学の数学について，教科書とか参考書とかいったゴツイ本はいくらもあります．しかし，そうした本ではとかく著者の方でもかまえてしまうものですし，総花式にソツなく書くものですから，メリハリがなくなってしまうものです．４月に買っても，試験の頃にはホコリがたまっているだけ，なんてこともよくあります． そのかわり，何年か先にヒョッとすると役に立つかもしれない，とまあ心をなぐさめるわけです．

このシリーズでは，そのようなツンドク用の反対のむしろ使い捨て用の本を意図しました．必要な時に必要な部分を買って使うためのものです．学校をサボッて，試験前になって授業内容をはじめて聞いたアナタのための本です．単位だけ取って数学なんか忘れてしまったけれど，何かのハズミで気になることができたときのアナタのための本です．

いかめしい大学教授も，たいていは怠惰な学生のナレノハテです．でも授業ではツイ，学生は全部出席して講義を聞いているという前提で，やってしまうものです．まあ学校というのはそうした所です．授業にはあまり出ず，たとい出ていても講義がよくわからんのでノートに落書きをしていたり，そうした現実の大学生の方を考えると，それを補完することにこのシリーズの役割りもあると思うのです．

森　　毅

# はじめに

重積分といっても，概念として単積分とそれほど変わるわけでなし，計算技術だって単積分のときの積み重ねでしかない．と思っていると，実際に重積分を使ったり実際に計算しようと思うと，どうもイケナイ．これはなぜか．単積分のときのオベンキョーが悪かった，といってみても始まらない．それに，単積分のときヨクデキマシタと言われたはず，なんてことさえある．

積分の〈概念〉にしても〈技術〉にしても，重積分になって意味がよくわかるようになってくることが多い，だから，ツミアゲなんていわなくて，重積分を通じて積分の概念と技術をやり直せばよい．べつに単積分のときにヨクデキマシタと言われたかどうか，なんて気にすることはない．

もっとも，現実の大学の講義では，「重積分」のところはちょっとした谷間になっていることもある．古いタイプの講義では，微積分の最後の方にオマケのようになっている．新しいタイプの講義だと，多変数を重視することが多いが，そのかわりベクトル解析へとつながっていく．もちろん，「重積分」を「ベクトル解析」へつないで考える方がよいのだが，そのようなツナガリを断ち切ってでも，一品ずつお客様にというのが当スナックの商売である．

それで，「重積分」と関係しても，微分式の積分に関することは，すべて割愛した．たとえば，閉曲線 $C(t)$ に囲まれた領域 $D(t)$ での積分についての

$$\frac{d}{dt}\iint_{D(t)} f(x,y)\,dx\,dy = \int_{C(t)} f(x,y)(x'(t)dy - y'(t)dx)$$

とか，種々の部分積分公式たとえば

$$\iint_D\left(h\frac{\partial k}{\partial x}-f\frac{\partial g}{\partial y}\right)dx\,dy=\int_C(fg\,dx+hk\,dy)-\iint_D\left(k\frac{\partial h}{\partial x}-g\frac{\partial f}{\partial y}\right)dx\,dy$$

のたぐいである．ベクトル解析自体が，一種の〈多変数の微積分〉であるから，それを切りはなしての「重積分」というと，限界があるのは当然のことである．

もともと，完全主義なんてナンセンスなのダ．

1976 年春

森　毅

## このたびの刊行にあたって

本棚で見つけた森毅先生のご本．初版は 1976 年 9 月でした．この面白く生き生きとした数学を少しでも多くの方に読んでいただきたいと，今回新たに組み直しました．このたびの刊行にあたり，故森毅先生とご快諾くださったご親族様に，心より厚く御礼を申し上げます．

現代数学社編集部

# 目　次

# §1　単積分と重積分

$$\sum_{i=1}^{n} a_i$$

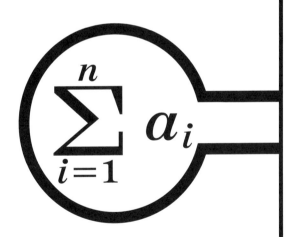

## ❶ 1 変数の積分と多変数の積分

多変数の積分といっても，1 変数の積分と比べて，本質はそれほど変わるわけではない．しかし，1 変数のときは，その本質がそれほど明確でなかったのが，2 変数になると明確になってくることが多い．

まずなにより

**多変数の積分は定積分**

である．1 変数の積分は「逆微分」としての不定積分を中心に考えてよかった．したがって，積分が微分の付属物のように考えられがちでもあった，たしかに，大学の教養課程になると，1 変数の定積分について「積分可能」とかゴチャゴチャやるが， calculus として微分に付属する感じで，〈積分〉そのものの理念をあまり考えずにすむ．本来，微積分は積分（定積分）と微分が別個に発達して，逆微分と不定積分が結合されたのがニュートンとライプニッツの段階で，それが 19 世紀になってふたたび〈積分〉の原理念が必要になってきたのである．それで，1 変数の積分でゴチャゴチャやったのを「多変数でも同じだ」ですます流義の講義もあるが，多変数のときに念を入れてくりかえす人もあるし，なかには多変数になってはじめて本格的にやる人もあるのだが，これは多変数の積分が，どうしても定積分中心になるからである．

それはなぜかというと，1 変数の積分では $I=[a,b]$ での定積分

$$\int_I f(x)dx = \int_a^b f(x)dx$$

の $I$ を変化させて考える（不定積分）とき，区間だから端の $a$ か $b$ をズラスしかなく，実際には

$$F(u) = \int_a^u f(x)dx$$

を考えるだけですむ．ところが，2 変数の領域 $D$ というのは，四方八方に拡がりうる．それで，「逆微分」ですますわけにはいかないのである．

本来は，高校の定積分でも，不定積分にかたよりすぎている．積分というと，「まず不定積分」というのはよくない習慣である．1 変数の積分を求める方法を列挙してみよう．

1）グッとニラム

2）公式にハメル

3）変数変換する

4）部分積分をする

まず，グッとニラムのが第 1 である．たとえば

$$\int_{-\pi}^{\pi} \sin x^3 dx = 0$$

などというのは，一見はもっともらしくはなっているが $\sin x^3$ は奇関数で，積分範囲の $[-\pi, \pi]$ が 0 に関して対称だから，正の部分と負の部分がキャンセルしあって 0 になるにきまっている．形式的にいうと

$$f(-x) = -f(x)$$

という奇関数のときは

$$\int_{-a}^{a} f(x) = 0$$

になっているのである．

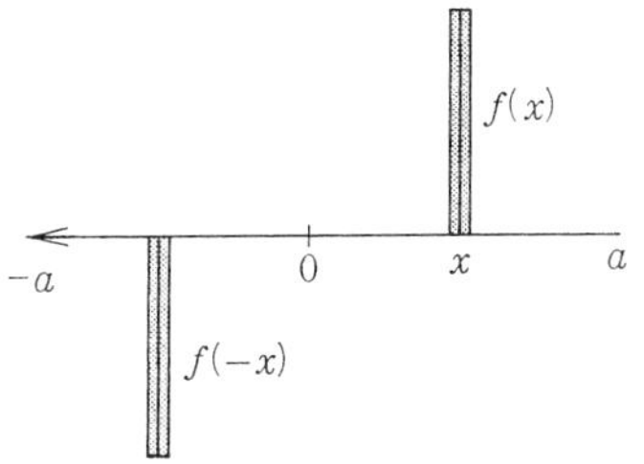

こんなことは,「定理」とかなんとかいうのではなくて,「積分の意味」から自然に出ることで,〈意味〉を意識しているかぎり,グッとニラムだけで答を出すべきことなのである.

微分の逆と考えるのは,結局は微分公式を逆用しているのだが,ここで問題なことは,簡単な定積分の公式があることである,$\Gamma$関数のように,不定積分できなくても定積分はできることがあるし,そうでなくても,基本的な定積分,たとえば

$$\int_0^{\frac{\pi}{2}} \sin x dx = 1, \quad \int_0^{\frac{\pi}{2}} \cos x dx = 1$$
$$\int_0^{+\infty} e^{-x} dx = 1, \quad \int_{-\infty}^{+\infty} \frac{dx}{1+x^2} = \pi$$

のようなものは,そのま使った方が便利である.

公式といったものは,「公式集」があればそれを見ればよい(試験のときは不便ダナ.もっとも持ちこみ試験も多い).問題は,公式集にのっている公式そのままでは使えないことである.そのためには,変数変換をして既知のものに直さなければいけない.これはよくやったことだ.しかしここでも,定積分の問題は定積分のままで

$$\int_{g(a)}^{g(b)} f(x)dx = \int_a^b f(g(t))g'(t)dt$$

とした方が間違いにくい.なぜなら

$$x = g(t)$$

として $t$ について不定積分して,それを $x$ に直すとしていると,$x \longrightarrow t \longrightarrow x$ と往復しなければならない.それよりは

$$dx = g'(t)dt$$
$$x = g(a) \cdots\cdots x = g(b) \longleftrightarrow t = a \cdots\cdots t = b$$

と対応を調べた方がミスが少ない上に,2 度も 3 度も変数変換をするときはずっと楽である.

最後に部分積分についても

$$\int_a^b f'(x)g(x)dx = [f(x)g(x)]_{x=a}^b - \int_a^b f(x)g'(x)dx$$

という形で,

$$f(a)g(a) = f(b)g(b)$$

となる問題がかなり多い，このときも，2度も3度も部分積分をするとき，$f(x)g(x)$ のような項を残しておくのはミスの原因になりやすい．定積分として，その都度処理してしまった方がよいのである．

つまり，1変数のときでも

**定積分は定積分として処理する**

習慣を身につけておいた方がよかったのである．

それでも，高校以来の習慣で，とかく積分とは不定積分と考えやすいかもしれない．1変数のときは，それでも間に合った．しかし，ここいらで発想の転換をしておこう．

## ❷ 積分の概念

「積分可能」とかいったゴシャゴシャしたのを解説してもよいのだが，それではよけいにゴシャゴシャしかねないし，このシリーズはサボリのメンドーガリのためにあるので，カンジの方だけを強調する．

1変数も多変数も同じだから，1変数の復習から始める．まず，定値関数

$$f(x) = c$$

の場合は

$$\int_a^b c dx = c(b-a)$$

でアタリマエである．「求積」のイメージでいうと, 長方形の「タテ × ヨコ」である．これをタンザクにしてツギアワセタもの，つまり

$$\varDelta : a = x_0 < x_1 < \cdots\cdots < x_n = b$$

について

$$f_\varDelta(x) = c_i \quad (x_{i-1} < x < x_i)$$

となる区分的定値関数については（$x_i$ のところはドーデモエエ）

$$\int_a^b f_\varDelta(x)dx = c_1\,(x_1 - x_0) + c_2\,(x_2 - x_1) + \cdots\cdots + c_n\,(x_n - x_{n-1})$$

タスところをシグマ（Sum の S のギリシャ文字）の記号を使うと

$$\int_a^b f_\varDelta(x)dx = \sum_{i=1}^{n} c_i\,(x_i - x_{i-1})$$

になっている．これの極限にしたのが長字体の $S$ とての積分である．つまり

$$c_i = f\,(\xi_i)\,, \quad x_{i-1} \leqq \xi_i \leqq x_i$$

にして

$$\int_a^b f(x)dx = \lim_{\varDelta} \sum_{i=1}^{n} f\,(\xi_i)\,(x_i - x_{i-1})$$

にするのである．

ここで,「連続関数は積分可能」という「大定理」があるが， ココロは

$$\lim_{\varDelta} f_\varDelta = f$$

のように考えて

$$\lim_{\varDelta} \int_a^b f_\varDelta(x)dx = \int_a^b f(x)dx$$

を定義しよう，ということである．その「証明」には，コーシー列を用いる方法と上限下限（最大最小）を用いる方法とがあるが,

ここではココロの方にとどめる．かなり「数学趣味」の強い教師だと，ここの所を試験問題にすることもあるが，平均的な大学教師なら，キマグレを起こさないかぎり（ぼくは20年近くの間で1回だけキマグレを起こしたことがある），試験に出る確率は低い．それでも，このカンジをつかんでおかねば，そもそもの〈積分の意味〉がつかめないことになる．

ここで，高校では「$f$ の積分」と俗称してきたろうが，正式には

**$f dx$ の積分**，もしくは **$f$ の $dx$ による積分**

という用語法を用いる．この記号の意味は

$$\mathrm{Sum}(f(x) \times dx)$$

なのである．$a$ と $b$ 方は

$$\int_{x=a}^{x=b}, \quad \sum_{i=1}^{i=n}$$

というのが一番ていねいな書き方で，タシザンの範囲を表わしている．$I = [a, b]$ を使っての

$$\int_I f(x) dx$$

という書き方もある．いずれにしても，この記号形式の〈意味〉を「定義」はものがたっているのである．

$$\sum_{i=1}^{n} c_i (x_i - x_{i-1}) \quad \longrightarrow \quad \int_a^b f(x) dx$$

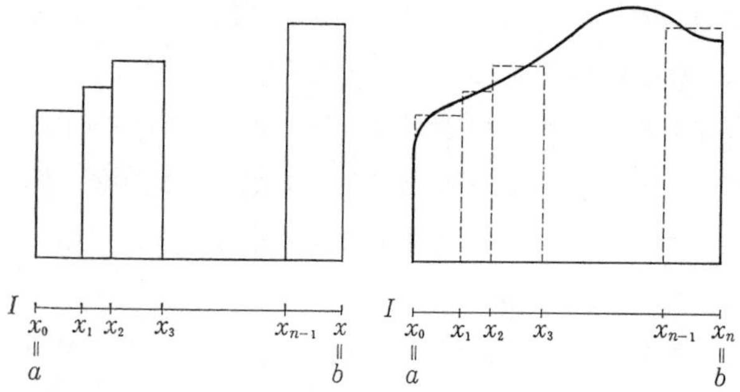


2 変数になっても同じことである，こんどは

$$I=\{(x,y)\mid a\leqq x\leqq b, c\leqq y\leqq d\}$$

で，

$$\Delta : a=x_0<x_1<\cdots\cdots<x_n<b$$

$$c=y_0<y_1<\cdots\cdots<y_m<d$$

としておいて

$$c_{ij}=f\left(\xi_i,\eta_j\right),\quad x_{i-1}\leqq\xi_i\leqq x_i,\quad y_{j-1}\leqq\eta_j\leqq y_j$$

をとっておいて

$$\int_I f(x,y)dxdy=\lim_{\Delta}\sum_{i,j}c_{ij}\left(x_i-x_{i-1}\right)\left(y_j-y_{j-1}\right)$$

とする．ここでも

$$\mathrm{Sum}(f(x,y)\times dx\times dy)$$

といった意味になっている．ただし

$$\sum_{i,j}c_{ij}\left(x_i-x_{i-1}\right)\left(y_j-y_{j-1}\right)=\sum_{j=1}^{m}\sum_{i=1}^{n}c_{ij}\left(x_i-x_{i-1}\right)\left(y_j-y_{j-1}\right)$$

で，$(i,j)$ についての和は, $i$ についての和の $j$ についての和になっているので，積分の方も $x$ についてと $y$ についてと 2 度アワセルといったカンジから

$$\iint_I f(x,y)dxdy$$

といった記法もよく使う．「積分論」としてはミミズ 1 匹，「積分計算」としてはミミズ 2 匹というのが, 慣用としては多い．教養課程でどちらかに統一するとしたならミミズ 2 匹の方が自然であるのは，まだ本格的に「積分論」ということもないからである． それでも〈積分の意味〉といった感じは必要だろう．

たとえば

$$I=\{(x,y)\mid |x|\leqq a,|y|\leqq b\}$$

について

$$\iint_I \sin\left(x^3+y^3\right)dxdy=0$$

をグットニラムだけで答をすぐ言うには，こうしたセンスが必要である．

## ❸ 累次積分

この和の

$$\sum_{i,j} c_{ij}\left(x_i-x_{i-1}\right)\left(y_j-y_{j-1}\right)=\sum_j\left[\sum_i c_{ij}\left(x_i-x_{i-1}\right)\right]\left(y_j-y_{j-1}\right)$$

から

$$\iint_I f(x,y)dxdy=\int_c^d\left[\int_a^b f(x,y)dx\right]dy$$

となることが考えられる．ここで［　］の中では，$j$ および $y$ をとめておいて，あとからそれを動かして加えるのである．

偏微分のときもだったが，2 変数関数の 1 つの特性は

**一方の変数を定数として処理してから**
**そのあとで変数と考える**

ことであって，そのために

**文字が定数になったり変数になったりする**

ことである．元来「定数」というのは，$e$ とか $\pi$ のような「普遍定数」の場合以外は，「ある期間だけ動かさない数」にすぎないのであって，2 変数を考えるときにはたいてい，$y$ を定数として $x$ について積分し，それから

$$F(y) = \int_a^b f(x,y)dx$$

を変数 $y$ の関数として

$$\int_c^d F(y)dy$$

を求める，といったことが必要になる．この場合に，

**定数であるか変数であるかの使いわけ**

の神経が必要なことになる．そして，そのぶんだけまちがい易くなるわけである．

このカンジは，長方形 $I$ の上にのった塊りを，まず $y$ で切って ($y$ を定数として)，板にしたのを $y$ について集めているのである．

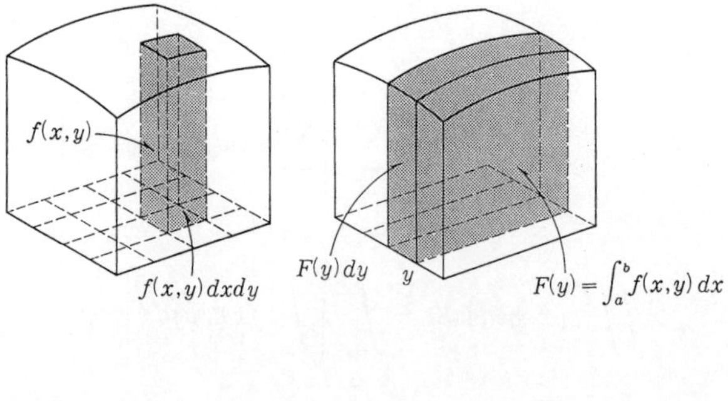


$$\iint_I f(x,y)dxdy \qquad\qquad \int_c^d F(y)dy$$

しかし，これは2重極限なので，「証明」が必要になる．つまり

**［定理］**　$f$ が $I$ で連続のとき

$$\iint_I f(x,y)dxdy = \int_c^d \left[\int_a^b f(x,y)dx\right] dy$$

というのが，「重積分の基本定理」になる．これの証明のスジをのべよう．

まず

$$c_{ij} = a_i b_j$$

のときは

$$\sum_{i,j} a_i b_j (x_i - x_{i-1})(y_j - y_{j-1})$$
$$= \left(\sum_i a_i (x_i - x_{i-1})\right)\left(\sum_j b_j (y_j - y_{j-1})\right)$$

と因数分解ができる．したがってその極限として

$$f(x,y) = g(x)h(y)$$

のときは

$$\iint_I g(x)h(y)dxdy = \left(\int_a^b g(x)dx\right)\left(\int_c^d h(y)dy\right)$$

となる．これは

$$F(y) = h(y)\int_a^b f(x)dx$$

となっているわけで，問題はない．このようなとき

$$f = g \otimes h$$

と書くことがある．ここで一般の場合については

$$f = \lim \sum_j g_j \otimes h_j$$

のようにして近似するとよい．ところで

$$f_j(x) = f(\xi_i, \eta_j)\,(x_{i-1} < x < x_i)$$

$$\varphi_j(y) = \begin{cases} 1 & (y_{i-1} < y < y_i) \\ 0 & (\quad \text{その他} \quad) \end{cases}$$

とすると

$$f_\Delta = \sum_j f_j \otimes \varphi_j$$

になっている（この各項は $j$ 番目の板だけ考えていることになる）ので，極限ができる．まあ，ココロは，「定義」のキリキザミを部分的にやっていくことだ．もっとキッチリ言うと，教科書や講義ノートのようにゴシャゴシャする．この定理も，「証明」よりは，〈意味〉の方を感じることの方が大事だろう．もっとハデな表現では, 連続関数の性質として

**$\mathscr{C}(\boldsymbol{X} \times \boldsymbol{Y})$ は $\mathscr{C}(\boldsymbol{X}) \otimes \mathscr{C}(\boldsymbol{Y})$ で近似できる**

といったカンジのことが基礎となっている．($\mathscr{C}(X)$ は $X$ 上の連続関数の類)．

ここで，$x$ と $y$ が対称に考えられるので

$$\int_c^d \left[\int_a^b f(x,y)dx\right] dy = \int_a^b \left[\int_c^d f(x,y)dy\right] dx$$

という〈積分の順序交換〉が成立している．つまり

**連続関数の積分は $x$ から始めても $y$ から始めてもよい**

という性質を表わしている．ここで記号の［　］はウルサイので

$$\int_a^b dx f(x)$$

式に, $dxf(x)$ と書くと

$$\int_c^d dy \int_a^b dxf(x,y) = \int_a^b dx \int_c^d dyf(x,y)$$

となって都合がよい．しかし，通常はこの中間の書き方で

$$\int_c^d dy \int_a^b f(x,y)dx = \int_a^b dx \int_c^d f(x,y)dy$$

と書く.

この応用として，〈積分と微分の順序交換〉もできる．$f$ が連続のとき

$$g(u,y) = \int_a^u f(x,y)dx$$

とすると，$y$ を固定して

$$\frac{\partial g}{\partial u} = f$$

である．それで

$$\int_c^d g(u,y)dy = \int_a^u dx \int_c^d \frac{\partial g}{\partial u}dy$$

となっている．両辺を $u$ で微分すると

$$\frac{d}{du}\int_c^d gdy = \int_c^d \frac{\partial g}{\partial u}dy$$

となる.

この論法をもう一度使うと，偏微分のときにやった〈微分の順序交換〉がえられる（じつはこのやり方が簡便であって, 積分の方が微分より扱いよいのである).

$$h(u,v) = \int_c^v gdy$$

とすると

$$\frac{\partial h}{\partial v} = g, \quad \frac{\partial^2 h}{\partial u \partial v} = \frac{\partial g}{\partial u}$$

で,

$$\frac{\partial h}{\partial u} = \int_c^v \frac{\partial^2 h}{\partial u \partial v} dy$$

なので，両辺を $v$ で微分すると

$$\frac{\partial^2 h}{\partial v \partial u} = \frac{\partial^2 h}{\partial u \partial v}$$

になるのである．

## ❹ 累次積分の実際

それでも，上のような「定理のカンジ」をつかんでおくことは，実際上の積分計算でも有利である．たしかに 2 回積分するだけのこととはいえる．しかし，定数と変数の使い分けでミスの危険が多い．そして，このようなとき，ただガムシャラに計算するのは愚かなことでもある．

ひとつのコツは，

**なるべく変数分離する**

ことである．たとえば「作った問題」だが

$$\iint_I \left(x^2y^2 + 4x^2y + 2xy^2 + 5x^2 + 8xy + 3y^2 + 10x + 12y + 15\right) dxdy$$

なんてのがあったとする．これは項ごとにやってよいのだが，実は

$$\begin{aligned} &x^2y^2 + 4x^2y + 2xy^2 + 5x^2 + 8xy + 3y^2 + 10x + 12y + 15 \\ &= \left(x^2 + 2x + 3\right)\left(y^2 + 4y + 5\right) \end{aligned}$$

と因数分解できて（じつは 2 次式の積としての「作りもの」）

$$\int_a^b \left(x^2 + 2x + 3\right) dx \int_c^d \left(y^2 + 4y + 5\right) dy$$

なのである．このような因数分解は高校のときのようにたとえば $x$ について整理してみればわかるが，「大学風」にやるなら

$$\begin{pmatrix} x^2 & x & 1 \end{pmatrix}\begin{pmatrix} 1 & 4 & 5 \\ 2 & 8 & 10 \\ 3 & 12 & 15 \end{pmatrix}\begin{pmatrix} y^2 \\ y \\ 1 \end{pmatrix}$$

と行列の形に整理してみれば

$$\begin{pmatrix} 1 & 4 & 5 \\ 2 & 8 & 10 \\ 3 & 12 & 15 \end{pmatrix} = \begin{pmatrix} 1 \\ 2 \\ 3 \end{pmatrix}\begin{pmatrix} 1 & 4 & 5 \end{pmatrix}$$

となることが見やすい．

きっちり因数分解できなくても，たとえば

$$\iint_I \left(x^2y^2 + 4x^2y + 2xy^2 + 5x^2 + 8xy + 3y^2 + 12x + 13y + 20\right) dxdy$$
$$= \int_a^b \left(x^2 + 2x + 3\right) dx \int_c^d \left(y^2 + 4y + 5\right) dy + \iint_I (2x + y + 5) dxdy$$

程度に「作られている」こともある．

これは人工的な「問題」だが，自然な問題では変数分離されていることが案外に多い．これは，「定理の証明のココロ」で，$f \otimes g$ の形を基礎としていることからしても自然なことであり，積分計算の実際でも，心得ておいた方がよいことである．

しかし，$x$ と $y$ がからまりあっていることも多い．たとえば

$$0 < a < b, 0 < c < d$$

として

$$I = \iint_I \frac{1}{x + y^2} dxdy$$

を考えてみよう，まず $x$ から始めると

$$\begin{aligned} I &= \int_c^d dy \int_a^b \frac{1}{x+y^2} dx \\ &= \int_c^d \left[\log\left(x+y^2\right)\right]_{x=a}^b dy \\ &= \int_c^d \left(\log\left(b+y^2\right) - \log\left(a+y^2\right)\right) dy \end{aligned}$$

となる．ここは不定積分より仕方がないので，部分積分で

$$\begin{aligned} \int \log\left(a+y^2\right) dy &= y \cdot \log\left(a+y^2\right) - \int y \cdot \frac{2y}{a+y^2} dy \\ &= y \cdot \log\left(a+y^2\right) - \int \left(2 - \frac{2a}{a+y^2}\right) dy \\ &= y \cdot \log\left(a+y^2\right) - 2y + 2\sqrt{a}\,\mathrm{Tan}^{-1}\frac{y}{\sqrt{a}} \end{aligned}$$

となる．ここで最後のところは「公式」の

$$\int \frac{dx}{a^2+x^2} = \frac{1}{a}\,\mathrm{Tan}^{-1}\frac{x}{a}$$

だが，この公式は積分のなかが分母は 2 次式，分子は 1 次式と見て, dimension を合わすと覚えておくとよい．ここでは， $x+y^2$ の形になっているので $\sqrt{x}$ の方を $y$ と同じ dimension で考えればよいので,

$$\int \frac{a\,dy}{a+y^2} = \sqrt{a}\,\mathrm{Tan}^{-1}\frac{y}{\sqrt{a}}$$

というのは，計算して変形しなくてもわかる，このように，文字式計算で微積分をやるときも

**dimension に気をつける**

習慣を持つとミスしにくいし，計算自体も楽である．それでともかく, 結局のところ

$$I = \left[y\log\frac{b+y^2}{a+y^2} + 2\left(\sqrt{b}\,\mathrm{Tan}^{-1}\frac{y}{\sqrt{b}} - \sqrt{a}\,\mathrm{Tan}^{-1}\frac{y}{\sqrt{a}}\right)\right]_{y=c}^d$$

のようにして計算できる．普通の問題では，$a, b, c, d$ は数で与えられていることが多いが，どうせ最初の積分は $y$ という文字入りで $x$ について積分しなければならないので，

**文字係数の微積分計算に慣れる**

ようにした方がよい，また実際に，物理などで出あう例はそうしたことが多い．工学部あたりの専門課程で，「演習がたらないから積分計算がヘタだ」などとよく言われるが，教養課程の「教科書風演習」は数係数ばかりで，それをいくらやっても仕方がない．

ところが今度は，$y$ の方からやってみよう．こちらは

$$I = \int_a^b \left[ \frac{1}{\sqrt{x}} \operatorname{Tan}^{-1} \frac{y}{\sqrt{x}} \right]_{y=c}^{d} dx$$

となる．この方は

$$\int_a^b \frac{1}{\sqrt{x}} \operatorname{Tan}^{-1} \frac{c}{\sqrt{x}} dx$$

で，不定積分が少し（少しだけ）難しくなる．$\sqrt{x}$ が分母の方に来てイヤなので

$$u = \frac{1}{\sqrt{x}}$$

と変数変換すると

$$du = \frac{-1}{2} \cdot \frac{1}{(\sqrt{x})^3} dx$$

だから

$$\int \frac{1}{\sqrt{x}} \operatorname{Tan}^{-1} \frac{c}{\sqrt{x}} dx = -\int \frac{2}{u^2} \operatorname{Tan}^{-1} cu du$$

となる．ここでも dimension に気をつけておくとよい．これは部分積分が考えられて

$$\int \frac{2}{u^2} \operatorname{Tan}^{-1} cu du = \left( -\frac{2}{u} \right) \operatorname{Tan}^{-1} cu + \int \frac{2}{u} \cdot \frac{c}{1 + c^2 u^2} du$$

となる．あとの項は部分分数分解で

$$\frac{1}{u(1 + c^2 u^2)} = \frac{1}{u} - \frac{c^2 u}{1 + c^2 u^2}$$

となる．この程度の部分分数分解は「暗算」でやった方がよい．未定係数法なら

$$\frac{1}{u\left(1+c^2u^2\right)}=\frac{A}{u}+\frac{Bu+C}{1+c^2u^2}$$

というのだが，通分したときの定数項は $A\cdot 1$ のところからしか出ないので $A$ は 1 で，その分の $A\cdot c^2$ という $u^2$ の係数を $B$ のところでキャンセルしなければならないから $B$ は $-c^2$ ，そして分子に 1 次の項はないから $C$ は 0，というように考えるとよい．それで結局

$$\int\frac{2}{u^2}\,\mathrm{Tan}^{-1}\,cudu=-\frac{2}{u}\,\mathrm{Tan}^{-1}\,cu+c\left(2\log u-\log\left(1+c^2u^2\right)\right)$$

すなわち

$$\begin{aligned}\int\frac{1}{\sqrt{x}}\,\mathrm{Tan}^{-1}\,\frac{c}{\sqrt{x}}dx&=2\sqrt{x}\,\mathrm{Tan}^{-1}\,\frac{c}{\sqrt{x}}-c\log\frac{u^2}{1+c^2u^2}\\&=2\sqrt{x}\,\mathrm{Tan}^{-1}\,\frac{c}{\sqrt{x}}+c\log\left(x+c^2\right)\end{aligned}$$

本当はこのまま部分積分すればよかったので

$$\int\frac{1}{\sqrt{x}}\,\mathrm{Tan}^{-1}\,\frac{c}{\sqrt{x}}dx=2\sqrt{x}\,\mathrm{Tan}^{-1}\,\frac{c}{\sqrt{x}}-\int 2\sqrt{x}\cdot\frac{-\frac{1}{2}c\cdot\frac{1}{x\sqrt{x}}}{1+\frac{c^2}{x}}dx$$

でよかったのだが，たいてい $1/\sqrt{x}$ の方にゲンワクされて，気がつくのはアトノマツリである．

これはどちらも，不定積分の計算には違いないが，どう考えても $x$ からさきにやった方が楽である，$y$ からはじめると，2 段目の計算が「不定積分計算演習総まくり」みたいになって，計算のヘタなぼくなどは，なんども計算ミスをしかけた．その理由は， $x$ から始めると 2 段目の積分は部分積分ですむ log であるが， $y$ から始めたら $\tan^{-1}$ で係数のところがゴシャゴシャしているのである．

ここで重要な教訓は，$x$ から始めるか，$y$ から始めるかを，

**前もって困難を予測する**

ことによって見当をつけねばならないことである，そのために

**まずガムシャラにとっかかってはダメ**

なのであって，つねに

**少しさきの見当をつけながら進む**

精神が必要なことである．このあたりが累次積分の計算のコツの真髄といったところだ．

## ❺ 積分の範囲

いままで，積分範囲という長方形 $I$ ばかりを考えてきた．ところが，2 変数になると特徴的なことは，もっと一般な

$$D \subset I$$

を考える必要のあることである，1 変数でいうと，「つながった領域」とは区間のことだった．ところが 2 次元となると，ここでも四方八方に不定形に拡がることができる． そこで，$D$ にどの程度まで許すかという問題がある．その議論を本格的にすると「測度論」になるし，古典的な教科書では

$$D = \{(x, y) \mid g(x) \leqq y \leqq h(x), a \leqq x \leqq b\}$$

ぐらいにしているのもあるが， $x$ と $y$ との対等性のくずれているのが少し気にくわない．これはまあ

$$\iint_D f(x, y) dxdy = \int_a^b dx \int_{g(x)}^{h(x)} f(x, y) dy$$

に持っていこうという気持ちはわかるが，概念そのものとしてはあまりよくない．よく使うのは円板

$$D = \left\{(x, y) \mid (x-p)^2 + (y-q)^2 \leqq r^2\right\}$$

のような場合があるが，これをさきの形にしようとすると平方根が出てくるのが気に入らない．

ここで，D を指定するとは，各点が $D$ に入るか入らないかを○(1) か ×(0) かで判断することなので

$$\varphi_D(x,y) = \begin{cases} 1 & ((x,y) \in D) \\ 0 & ((x,y) \notin D) \end{cases}$$

という関数を考えるのと同じである．ここで

$$\iint_I \varphi_D(x,y)dxdy = m(D)$$

が存在すると仮定する．このとき $D$ は積分可能とか求積可能とかいわれている．積分を定義する前に，この $m(D)$ の議論だけをやる流儀もある．$I$ を分割するとき，まるごと $D$ なら 1 だし，まるごと $D$ の外なら 0，問題になるのは 0 にも 1 にもなるフチのふれる部分で，この面積が分割を細かくして 0 になるとよいのである．マトモナ曲線で囲まれているようなときだと，たとえば タテヨコを $n$ 等分すると，面積は 2 次元で $n^2$ 等分されるのだが，曲線の方は 1 次元なので，そこに引っかかるところはだいたい $n$ 程度の order になって $1/n^2$ すると 0 に収束してくれる．

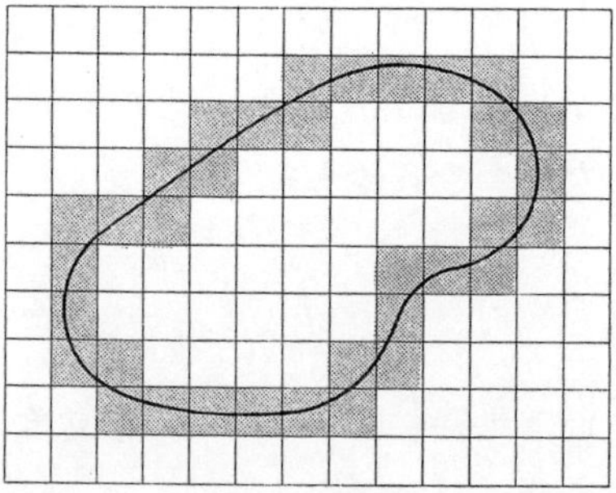

これで普通の領域 $D$ はたいてい間に合うが,

$$P_n \in D, \lim P_n = P$$

なら

$$P \in D$$

という閉集合の条件をつけておこう．これは, $P_n$ を $P$ に近づけたとき $f(P_n)$ の値が異常な振る舞いをされると悩みの種だからなのである．こうしておけば, $D$ の点は特異点に落ちこむ心配がない, $I$ で有界にしてあるから，無限の方への落ちこぼれもない．「オチコボレがない」という性質をコンパクトということもあって，ここではコンパクトな集合だけ考えるのである．この場合は，$D$ 上の連続関数は最大値と最小値の間にうまくおさまってくれる．1 変数のときに，閉区間をとって，「連続関数の性質」などといってウルサイ議論をしたのは，この安心のためだった．2 変数になってくりかえすのは面倒だし，積分可能の議論だけでも面倒な目を経験したから，これ以上くりかえさない方が普通だろう．もしも，そこをくりかえす執念深くも懇切な数学教授の授業に当った学生は珍らしい運を引きあてたことを神に感謝するとよい．

ここで，$D$ 上の連続関数 $f$ を考えよう．じつは,「 $f$ は $I$ 上の 連続関数 $\bar{f}$ に延長できる」という定理がある．これを使わないとフチの処理がうるさいので，はじめから $\bar{f}$ に延長できることを「条件」にしてしまう人もある．まあ実際の例では，見ただけで延長できている方が普通である．この場合

$$\iint_I \bar{f}(x,y)\varphi_D(x,y)dxdy = \iint_D f(x,y)dxdy$$

が存在する．このココロは，$\bar{f}$ というパン種みたいなのを，$D$ というビスケット型で抜くべく,「$D$ はそのまま外はケス」という $\varphi_D$ をかける，ということである．

この「証明」については，$f$ の上下のユラギは $\bar{f}$ の連続性で間に合い，$D$ の前後左右のユラギは $\varphi_D$ の積分可能性で間に合うことになる．この点で，$\bar{f}$ への延長可能性がなくても，フチのへんで $f$ 値だけでリーマン和にしても同じことになるので，定義の段階から $D$ で始める流儀も生ずるのである．

いずれにしても，ゴシャゴシャしたことを除くと

**2 重積分とは領域 $D$ での定積分**

という性格を持っており，それゆえに

**$D$ の性質に注意する**

ことが，実際上の問題としても有効性の大きいことである．このことは 1 変数のとき，$I$ というなんの変哲もない区間であるために見過してきたことと違う．

ゴシャゴシャの方は，まあたいしたことはない．積分可能性やら累次積分への転換は，この段階でいくらやったってタカが知れている．それるやるのは，ルベーグの積分論であって，今の段階は連続関数を中心としたリーマン積分だから，どっちみちホドホドにしているはずである．

むしろ，ここで重要なことは

$$m_f(D) = \iint_D f(x,y)dxdy$$

といった〈測度〉概念である．この種の概念をイメージできて，それが物理などの例のときでも，あるいは数学としての計算上でも，利用できることの方が大事である．

ここで積分は

**$fdxdy$ の $D$ 上の積分**

もしくは

**$f$ の $dxdy$ による $D$ 上の積分**

といった〈意味〉が，1 変数のときにかくれがちであったのを明らかにしてくれるだろう．

累次積分は，$\varphi_D$ つきで考えればよいのだが，たとえば

$$D=\{(x,y)\mid 0\leqq x\leqq y\leqq \alpha\}$$

についてなら

$$\begin{aligned}\iint_D f(x,y)dxdy &= \int_0^a dy\int_0^y f(x,y)dx\\ &= \int_0^a dx\int_x^a f(x,y)dy\end{aligned}$$

のようになる．これは $D$ の方を考えればまちがうことはないが，累次積分の順序交換を機械的にやるとあぶない．このようなとき

**累次積分の順序交換は重積分として見る**

癖をつけておくとよい．

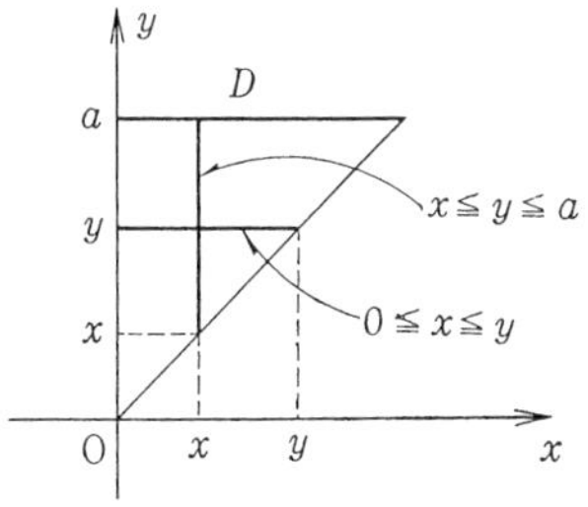


## ❻ 測度と密度

積分の一般的な性質については，1変数のとき同じである．まず，線型

$$\iint_D (f+g)dxdy=\iint_D fdxdy+\iint_D gdxdy$$

$$\iint_D cfdxdy=c\iint_D fdxdy$$

は基礎で，すでに計算のときにも利用していた．単調性

$$f \leqq g \text{ なら } \iint_D f dxdy \leqq \iint_D g dxdy$$

も当然である．とくに

$$|f| \leqq M \text{ (定数)}$$

のとき

$$-M \leqq -|f| \leqq f \leqq |f| \leqq M$$

だから

$$\left| \iint_D f dxdy \right| \leqq \iint_D |f| dxdy \leqq M \cdot m(D)$$

になっている．

2 変数になって目立つ現象としては，集合 $D$ と関数 $\varphi_D$ を対応させると

$$\varphi_{D_1} + \varphi_{D_2} = \varphi_{D_1 \cup D_2} + \varphi_{D_1 \cap D_2}$$

なので

$$\iint_{D_1} f dxdy + \iint_{D_2} f dxdy = \iint_{D_1 \cup D_2} f dxdy + \iint_{D_1 \cap D_2} f dxdy$$

つまり

$$m_f(D_1) + m_f(D_2) = m_f(D_1 \cup D_2) + m_f(D_1 \cap D_2)$$

となっていることである．とくに

$$D_1 \cap D_2 = \phi \text{ なら } m_f(D_1 \cup D_2) = m_f(D_1) + m_f(D_2)$$

となる．これは

$$\iint_{D_1 \cup D_2} f dxdy = \iint_{D_1} f dxdy + \iint_{D_2} f dxdy$$

で, 積分範囲 $D_1 \cup D_2$ を $D_1$ と $D_2$ に分割して計算するという原理である．1変数のときも，積分範囲の区間を分割することはありうるが，実際にはたいして有効性を持たなかった．しかし，2変数の場合は2次元なので

**積分しやすい部分に分割する**

ことが，現実的な有効性を持つことが生ずる．

このような $m_f$ は一種の「測度」である（「数学」で「測度」というときには，一種の「連続性条件」を必要として，それがルベーグの「測度論」だが，理念としては，今は不完全でも「測度」にちがいない），たとえば密度 $f$ を持った板の質量，といったものを考えればよい．重積分というと「体積」と考えやすいが，「「$f\times$ 面積」でよいのであって，人間でも（人口密度），電荷でも（電荷密度）よいのであって，2重積分は

**(面密度) × (面積) の和**

といったイメージを持った方がよい．1変数の場合にしても，ブタのシッポにノミがいてノミロ密度が $f$ といった

**(線密度) × (長さ) の和**

の方が一般的である．「単積分は面積で，2重積分が体積なら，3重積分はなんですか」なんていう学生がいるものだが，3重積分は

**(密度) × (体積) の和**

になっているので, 3次元空間では一番普通なのである．1変数のときも，この種のイメージはあった方がよいのだが，「数学」でいうとベクトル解析をやるころ，同時に物理なんかで重積分を使う場面になって，積分のイメージ・ギャップに悩むことが多い．

逆に，積分の方から密度微分を考えることもある．1変数だと，$f$ が連続として

$$\lim_{r\to 0}\iint_{a-r}^{a+r} f(x)\frac{dx}{2r} = f(a)$$

のような関係である．2 変数では

$$D_r = \left\{(x,y) \mid (x-a)^2 + (y-b)^2 \leqq r^2\right\}$$

のような円板をとって

$$\lim_{r\to 0} \iint_{D_r} f(x,y)\frac{dxdy}{\pi r^2} = f(a,b)$$

のようにすることもある．これは，$D_r$ で

$$f(a,b) - \varepsilon \leqq f(x,y) \leqq f(a,b) + \varepsilon$$

とすると

$$(f(a,b)-\varepsilon)m\left(D_r\right) \leqq m_f\left(D_r\right) \leqq (f(a,b)+\varepsilon)m\left(D_r\right)$$

つまり

$$\left|\frac{m_f\left(D_r\right)}{m\left(D_r\right)} - f(a,b)\right| \leqq \varepsilon$$

ということなのである．もっと一般に

$$\lim_{D\to(a,b)} \frac{m_f(D)}{m(D)} = f(a,b)$$

と書いたりすることもある．つまり，質量 $m_f(D)$ を面積 $m(D)$ でわった「$D$ での平均密度」の極限として，点 $(a,b)$ での密度が考えられているのである．

2 変数の積分のひとつの特徴は，1 変数のとき以上に

**測度と密度の関係が表面化する**

ことがある．しかし，なかなか「試験問題」や「演習問題」の形に作りにくく（ぼくは苦心して作ってみたことがあるが，学生も不慣れとみえて出来が悪かった），しかし重要なポイントである点が，どうも矛盾している．それでも，あとの変数変換をはじめ，いろいろの概念を理解するのに都合がよいし，物理などで使うには絶対必要だから，重積分を扱う機会に，この種のイメージを育てておいた方がよい．

## ❼ 積分範囲がコンパクトでない場合

「1変数の積分」では，「変格積分」とかいろいろの訳語が使われる，improper integral というのがある．たとえば

$$\int_0^{+\infty} \frac{\sin x}{x} dx, \quad \int_0^{+\infty} \frac{\sin x}{\sqrt{x}} dx$$

の類である．人によっては

$$\int_0^{+\infty} e^{-x} dx, \quad \int_0^1 \frac{1}{\sqrt{x(1-x)}} dx$$

なども「変格積分」という人もあるが，ぼくはこれはそうよぶべきでないと思う．これは，関数値が正であって真の「変格性」は生じていないからである．この意味では，本来の意味では

**重積分では変格積分は扱わない**

のであって，それで「積分範囲がコンパクトでない場合」といった見出しにしたのである．

「コンパクトでない」とは，有界でなくて無限の方へ行くときの問題が生ずるとか，閉集合でなくて境界のところで関数が発散してしまったりする現象が起こることを意味する．

まず最初は，正値

$$f \geqq 0$$

とする．このとき $K_1 \subset K_2$ なら $f\varphi_{K_1} \leqq f\varphi_{K_2}$ だから

$$\iint_{K1} f dx dy \leqq \iint_{K2} f dx dy$$

となる．それで，$D \supset K$ となるコンパクトで近似して

$$\iint_D f dx dy = \sup_{D \supset K} \iint_K f dx dy$$

を考えることができる．この場合，積分範囲に関する単調性があるので，内側から拡げていく近似も単調になる．それで，$+\infty$ になるかもしれないが，ともかく積分が考えられる．通常はこれが有限になるものを問題にするのである．

一般の場合は

$$D_+ = \{(x,y) \mid f(x,y) > 0\}$$

$$D_- = \{(x,y) \mid f(x,y) < 0\}$$

について

$$\iint_{D+} f dxdy < +\infty \text{ または } \iint_{D_-} f dxdy > -\infty$$

のときは

$$\iint_{D} f dxdy = \iint_{D+} f dxdy + \iint_{D-} f dxdy$$

として積分が考えられる．これが

$$\iint_{D+} f dxdy = +\infty, \quad \iint_{D-} f dxdy = -\infty$$

の場合が「変格積分」にあたるわけである．

1 変数の場合，たとえば

$$\sum_{n=0}^{\infty} \int_{2n\pi}^{(2n+1)\pi} \frac{\sin x}{x} dx = +\infty, \quad \sum_{n=0}^{\infty} \int_{(2n+1)\pi}^{(2n+2)\pi} \frac{\sin x}{x} dx = -\infty$$

のようになっていたので

$$\int_0^{+\infty} \frac{\sin x}{x} dx = \lim_{b \to +\infty} \int_0^b \frac{\sin x}{x} dx$$

を問題にすることがあった．しかし，2 重積分の場合には，「変格積分」にあたる場合には，$D \supset K$ で近似しようにも，近似の仕方

が 2 次元だけにいろいろあって困ることになる．たとえば，全平面 $\boldsymbol{R}^2$ のようなとき

$$I_a = \{(x, y) \mid |x| \leqq a, |y| \leqq a\}$$
$$B_a = \left\{(x, y) \mid x^2 + y^2 \leqq a^2\right\}$$

などが当面考えられようが，

$$\lim_{a \to +\infty} \iint_{Ia} f dxdy, \quad \lim_{a \to +\infty} \iint_{Ba} f dxdy$$

などを考えるにしても，なぜそれを考えるかとか，一致するかとか，ウルサイことになる．本来，1 変数の「変格積分」でも両方を極限させることはあまりなくて，

$$\lim_{a \to +\infty} \int_{-a}^{a} \frac{x}{1 + x^2} dx = 0$$

だが，これを

$$\int_{-\infty}^{+\infty} \frac{x}{1 + x^2} dx = 0$$

と書くのは，特別の用法（コーシーの主値）であって，普通の「変格積分」ではない．つまり，「変格積分」とは，本来は，近似の仕方が一方向だけで，その方向に付随して極限が考えられる場合で，2 次元になって近似の仕方が本質的に多方向になったからには，「重積分には変格積分の概念はない」とした方が妥当だろう． それでも，教科書には「変格積分風」に扱ってあるのもあり，その場合は妥協してツキアウより仕方ないが，それはたいてい $f \geqq 0$ の場合である．この場合は，$D$ にわたってヨセアツメルだけのことだから，本当のところは遠慮せずに

$$\iint_D f dxdy \leqq +\infty$$

として考えればよいのである．

累次積分になると，単積分を 2 度やるのだから，単積分のところで「変格積分」が考えられるが，この場合の「積分の順序交換」は，いまの積分論的考察以上のデリケートな議論が必要になる．$f \geqq 0$ ならば，たとえば

$$\iint_{R^2} f(x,y)dxdy = \int_{-\infty}^{+\infty} dy \int_{-\infty}^{+\infty} f(x,y)dx$$
$$= \int_{-\infty}^{+\infty} dx \int_{-\infty}^{+\infty} f(x,y)dy$$

とやるのに，なんのさしつかえもない，もちろん，$+\infty$ になる可能性も含めて，この式は成立しているのである．

# § 2　変数変換

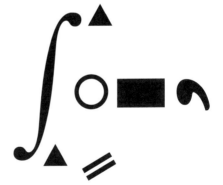

## ❶ 変数変換の必要性

定積分の計算には，変数変換と部分積分が主要なテクニックだった．重積分の部分積分については，「ベクトル解析」を必要とするし，それは理論式の変形への利用が主であって，「積分計算」に用いられることはあまりない．しかし，変数変換の方は，重積分にとって基本的な問題になる．なぜなら，重積分は積分範囲 $D$ が関係していて，たとえば円板での積分に直角座標は不適切であって，円板と相性のよい極座標に座標変換した方がよい．2 次元になると，直角座標 $(x,y)$ でない座標 $(u,v)$ をとって $D$ に合わした方がよいので，この場合に，$(x,y)$ と $(u,v)$ が 2 変数的にカラマリアウ点が，1 変数の変換との本質的差違にもなる．つまり

**積分範囲にふさわしい座標に変換する**

ことが，重積分では基本的であって，そのために変数変換の議論がどうしても必要になってくる．これも，1 変数のときと同じとはいえるが，$(x,y)$ と $(u,v)$ のカラマリで議論が難しくなる点で，1 変数のときにはなかったウルサイことが必要になる．

もっとも，この種の部分は，多変数関数の微分の議論とからんで行なわれていたともいえる．それで，「多変数の微分」について，どれだけわかっているが決め手になる．ここでは，仕方がないから，それを〈復習〉しながら進むことにする．それも，最近のカリキュラムでは

**線型代数を基礎に**

行なう方が一般化しつつある．といっても，古い方式のこともあるが，それにしたって実質的には同じことをやっているのだが，記号形式の方が「線型代数的」でないだけである．しかし，記号形式というのもそれが障害になることもあるので，ここでは一種の 2 本立てでいくことにする．まあ，せめて，$(x,y)$ というのをタテベ

クトル式に書くぐらいのことは，「線型代数の苦手な人」だって辛抱してもらえるだろう．

ここで

$$T : \begin{pmatrix} u \\ v \end{pmatrix} \longmapsto \begin{pmatrix} x \\ y \end{pmatrix} = \begin{pmatrix} x(u, v) \\ y(u, v) \end{pmatrix}$$

という変換があったとしよう．1 変数のときなら

$$T : u \longmapsto x = x(u)$$

で，

$$dx = x'(u)du$$

が変数変換の基礎で，

$$\int_{T(I)} f(x)dx = \int_I f(x(u))x'(u)du$$

のようになった．このときとくに

$$\int_{T(I)} dx = \int_I x'(u)du$$

なので

$$x'(u) = \lim_{I \to u} \frac{m(T(I))}{m(I)}$$

積分の形式だと

$$x'(u) = \lim_{I \to u} \frac{\int_I x'(u)du}{\int_I du} = \lim_{\varepsilon \to 0} \frac{\int_{u-\varepsilon}^{u+\varepsilon} x'(u)du}{2\varepsilon}$$

のような形である．つまり，$x'(u)$ というのは〈長さの拡大率〉を意味していて，それゆえ

$$dx = x'(u)du$$

となっているのである．ところが 2 次元になると〈面積の拡大率〉$J_T(u, v)$ を使って

$$dxdy = J_T(u, v)dudv$$

としなければならない．こうすると，1変数のときと同様に

$$\iint_{T(D)} f(x,y)dxdy$$
$$= \iint_D f(x(u,v),y(u,v))J_T(u,v)dudv$$

になるハズで, この $J_T(u,v)$ は

$$J_T(u,v) = \lim_{D\to(u,v)} \frac{m(T(D))}{m(D)}$$

となろうというわけである.

ところで, $v$ を固定して

$$x = x(u,v)$$

を $u$ について解いて

$$u = U(x,v)$$

とできたとして

$$Y(x,v) = y(U(x,v),v)$$

とすると,

$$S : \begin{pmatrix} u \\ v \end{pmatrix} \longmapsto \begin{pmatrix} x \\ v \end{pmatrix} = \begin{pmatrix} x(u,v) \\ v \end{pmatrix}$$
$$R : \begin{pmatrix} x \\ v \end{pmatrix} \longmapsto \begin{pmatrix} x \\ y \end{pmatrix} = \begin{pmatrix} x \\ Y(x,v) \end{pmatrix}$$

と変換して

$$T = RS$$

としているので

$$\begin{aligned}
&\iint_{T(D)} f(x,y)dxdy \\
&\quad = \int dx \int f(x,y)dy \\
&\quad = \iint_{S(D)} f(x,Y(x,v))J_R(x,v)dxdv \\
&\quad = \int dv \int f(x,Y(x,v))J_R(x,v)dx \\
&\quad = \iint_D f(x(u,v),y(u,v))J_R(x,v)J_S(u,v)dudv
\end{aligned}$$

となって，$R$ では $x$ が固定，$S$ では $v$ が固定されているので，「1変数の変数変換」を 2 度くりかえしているともいえる．しかしながら，「具体的な変換」で「具体的な分解」をすることは，とてもイヤなことが多い，「一般的」表現は，この具体的なカラマリを捨象しているのである．

念のために, 極座標

$$x = \rho\cos\varphi$$

$$y = \rho\sin\varphi$$

で考えてみようか．$x$ を $\rho$ について解くと

$$\rho = \frac{x}{\cos\varphi}$$

で, $y$ に代入して

$$y = x\tan\varphi$$

になっていて，

$$(\rho,\varphi) \longmapsto x = \rho\cos\varphi \quad (\varphi\text{: 固定})$$
$$(x,\varphi) \longmapsto y = x\tan\varphi \quad (x\text{: 固定})$$

となる．それで

$$dxdy = \frac{x}{\cos^2\varphi}dxd\varphi$$

$$dxd\varphi = \cos\varphi d\rho d\varphi$$

となって

$$dxdy = \frac{x}{\cos\varphi}d\rho d\varphi = \rho d\rho d\varphi$$

になる．しかしこれは，タマタマ易しい例であって，これでも「式の対称性」が崩れる点がイヤな感じである．

そこでむしろ，$(x, y)$ と $(u, v)$ の変換の結果の〈一般論〉を構成しておく，というのが多変数の変数変換公式なのである．

## ❷ 1 次変換

一般の場合は 1 次変換の場合が基礎になるので，本来は「線型代数」に属することだが，1 次変換の復習をしておこう．行列の表現を除けば，中学校の「連立 1 次方程式」の復習にすぎないから，どうしても行列がイヤなら，行列のところをとばしてもすむ．

1 次変換

$$T: \begin{array}{l} x = au + cv \\ y = bu + dv \end{array}$$

を考える．行列を使うときは

$$\begin{pmatrix} x \\ y \end{pmatrix} = \begin{pmatrix} a & c \\ b & d \end{pmatrix} \begin{pmatrix} u \\ v \end{pmatrix}$$

と書く．ここで，$a \neq 0$ として前の分解をしてみよう．$x$ を $u$ について解くと

$$u = \frac{1}{a}x - \frac{c}{a}v$$

であって

$$\begin{aligned} y &= b\left(\frac{1}{a}x - \frac{c}{a}\right)v + dv \\ &= \frac{b}{a}x + \frac{ad-bc}{a}v \end{aligned}$$

となる．すなわち

$$R: \begin{aligned} x &= x \\ y &= \frac{b}{a}x + \frac{ad-bc}{a}v \end{aligned}$$

で，行列表現を使うなら

$$\begin{pmatrix} x \\ y \end{pmatrix} = \begin{pmatrix} 1 & \cdots \\ \dfrac{b}{a} & \dfrac{ad-bc}{a} \end{pmatrix} \begin{pmatrix} x \\ v \end{pmatrix}$$

になっている．$S$ の方はもちろん

$$S: \begin{aligned} x &= au + cv \\ v &= v \end{aligned}$$

で，行列表現なら

$$\begin{pmatrix} x \\ v \end{pmatrix} = \begin{pmatrix} a & c \\ 0 & 1 \end{pmatrix} \begin{pmatrix} u \\ v \end{pmatrix}$$

であって，

$$\begin{pmatrix} a & c \\ b & d \end{pmatrix} = \begin{pmatrix} 1 & 0 \\ \dfrac{b}{a} & \dfrac{ad-bc}{a} \end{pmatrix} \begin{pmatrix} a & c \\ 0 & 1 \end{pmatrix}$$

になっているのである．

ところで, 2 次元で面積の比は $ad-bc$ であって，これが行列式の

$$\det \begin{pmatrix} a & c \\ b & d \end{pmatrix} = ad - bc$$

で，普通は

$$\begin{vmatrix} a & c \\ b & d \end{vmatrix}$$

と書く．

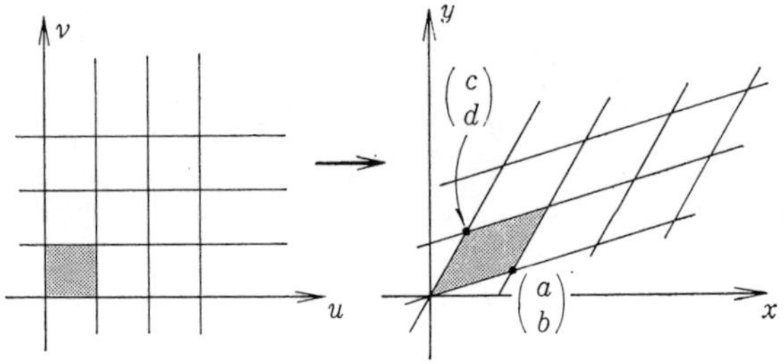


この変換は，正方格子を平行 4 辺形格子に移すことになっている．この単位平行 4 辺形の面積が $ad-bc$ なのである．このことは，高校でもやったことだろうが，この平行 4 辺形を面積 $ad$ の平行 4 辺形と面積 $bc$ の平行 4 辺形の面積の差にしているのである．

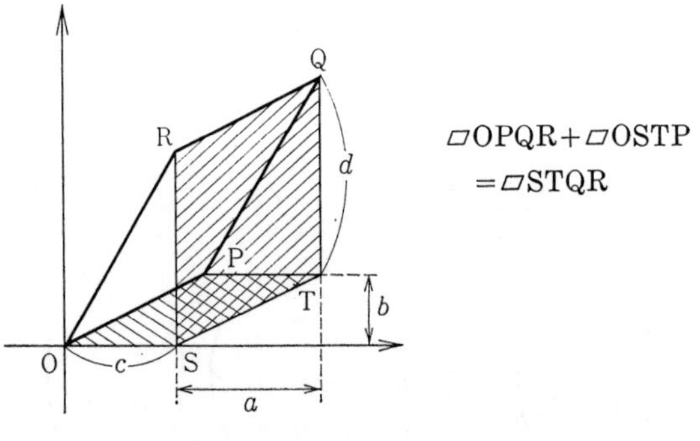


このことから，じつはさきの計算をしてみなくても

$$\begin{pmatrix} a & c \\ b & d \end{pmatrix} = \begin{pmatrix} 1 & 0 \\ p & q \end{pmatrix} \begin{pmatrix} a & c \\ 0 & 1 \end{pmatrix}$$

で

$$\begin{vmatrix} a & c \\ b & d \end{vmatrix} = \begin{vmatrix} 1 & 0 \\ p & q \end{vmatrix} \cdot \begin{vmatrix} a & c \\ 0 & 1 \end{vmatrix} = qa$$

だから,

$$q = \frac{1}{a}\begin{vmatrix} a & c \\ b & d \end{vmatrix}$$

になっているのである.

1 次変換については, $ad - bc \neq 0$ のとき, 逆変換が考えられる. これは連立 1 次方程式をとけばよいので, その計算は「係数の掛算」をするから, 面積を使うのと同じになる.

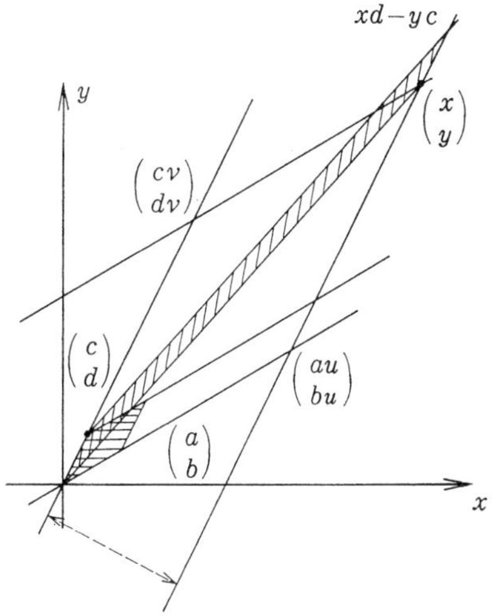


このとき, 図で平行 4 辺形を等積変形すれば

$$u = \frac{xd - yc}{ad - bc}$$

になっている. これは行列式でいえば

$$\begin{vmatrix} x & c \\ y & d \end{vmatrix} = \begin{vmatrix} au + cd & c \\ bu + cd & d \end{vmatrix} = \begin{vmatrix} au & c \\ bu & d \end{vmatrix} = \begin{vmatrix} a & c \\ b & d \end{vmatrix} u$$

の計算を図示したのである．同様に

$$v = \frac{ay - bx}{ad - bc}$$

になっていて

$$\begin{pmatrix} u \\ v \end{pmatrix} = \begin{pmatrix} \dfrac{d}{ad - bc} & \dfrac{-c}{ad - bc} \\ \dfrac{-b}{ad - bc} & \dfrac{a}{ad - bc} \end{pmatrix} \begin{pmatrix} x \\ y \end{pmatrix}$$

という逆変換がえられている．この

$$ad - bc \neq 0$$

というのは，この平行 4 辺形の格子がペシャンコになって退化の生ずることがない，ということを意味している．

もちろんこれは，さきの分解とも関連していて，今の解法を「加減法」とするなら，分解にあたるのは「代入法」である．これは

$$y = \frac{b}{a}x + \frac{ad - bc}{a}v$$

を $v$ について解いて

$$v = \frac{ay - bx}{ad - bc}$$

を求め，それを

$$u = \frac{1}{a}x - \frac{c}{a}v$$

に代入して

$$u = \frac{xd - yc}{ad - bc}$$

を出す，というようにもできる．

まあ，行列や行列式を使わなくても，要は

**2 元 1 次式の議論には面積がカナメになる**

という，当然のことがわかればよい．いままでに出てきた $ad - bc$ というのは，この面積比だったのである．そして，この「2 元連立 1 次方程式」について，縦横に考えることができるようになっていればあとはチョロイものである．

## ❸ 関数行列式

「線型代数」を基礎にするにせよ，しないにせよ，多変数の微分が 1 次変換に帰着させる，すなわち

**微分とは 1 次化することである**

のに，かわりはない．

すなわち

$$T: \begin{aligned} x &= x(u,v) \\ y &= y(u,v) \end{aligned}$$

については

$$dT: \begin{aligned} dx &= \frac{\partial x}{\partial u}du + \frac{\partial x}{\partial v}dv \\ dy &= \frac{\partial y}{\partial u}du + \frac{\partial y}{\partial v}dv \end{aligned}$$

行列表現するなら

$$\begin{pmatrix} dx \\ dy \end{pmatrix} = \begin{pmatrix} \dfrac{\partial x}{\partial u} & \dfrac{\partial x}{\partial v} \\ \dfrac{\partial y}{\partial u} & \dfrac{\partial y}{\partial v} \end{pmatrix} \begin{pmatrix} du \\ dv \end{pmatrix}$$

が基礎になる．

ここで，面積比の公式は，

$$\frac{\partial(x,y)}{\partial(u,v)} = \begin{vmatrix} \dfrac{\partial x}{\partial u} & \dfrac{\partial x}{\partial v} \\ \dfrac{\partial y}{\partial u} & \dfrac{\partial y}{\partial v} \end{vmatrix} = \frac{\partial x}{\partial u}\frac{\partial y}{\partial v} - \frac{\partial y}{\partial u}\frac{\partial x}{\partial v}$$

を用いれば

$$dxdy = \frac{\partial(x,y)}{\partial(u,v)}dudv$$

になる．これが「関数行列式」もしくは「ヤコビアン」とよばれるものである．

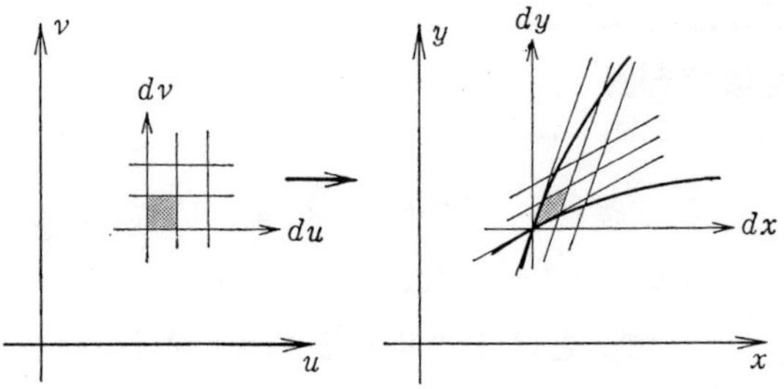


たぶん，関数行列式の最初に出てくるのは，「逆写像定理」のところだろう．正比例

$$x = au$$

について

$$a \neq 0$$

のとき， $a^{-1}$ が存在して

$$u = a^{-1}x$$

と解けるように，

$$x = au + cv$$

$$y = bu + cv$$

については

$$\begin{vmatrix} a & c \\ b & d \end{vmatrix} = ad - bc \neq 0$$

のとき，逆写像が考えられて

$$u = \frac{d}{ad-bc}x + \frac{-c}{ad-bc}y$$
$$v = \frac{-b}{ad-bc}x + \frac{a}{ad-bc}y$$

と解ける，というのが「連立 1 次方程式」で，その基礎は面積比が 0 でなくて，ペシャンコにならないということだった．

　これにあたるのは，1変数

$$x = x(u)$$

の場合なら

$$dx = x'(u)du$$

で

$$x'(u) \neq 0$$

のとき，逆写像

$$u = u(x)$$

があって

$$du = \frac{1}{x'(u)}dx$$

になる．それと同じく，2変数の「逆写像定理」は，

$$\frac{\partial(x, y)}{\partial(u, v)} \neq 0$$

のとき，逆写像

$$u = u(x, y)$$

$$v = v(x, y)$$

ができて，

$$du = \frac{\dfrac{\partial y}{\partial v}}{\dfrac{\partial(x, y)}{\partial(u, v)}}dx + \frac{-\dfrac{\partial x}{\partial v}}{\dfrac{\partial(x, y)}{\partial(u, v)}}dy$$

$$dv = \frac{-\dfrac{\partial y}{\partial u}}{\dfrac{\partial(x, y)}{\partial(u, v)}}dx + \frac{\dfrac{\partial x}{\partial u}}{\dfrac{\partial(x, y)}{\partial(u, v)}}dy$$

となる，というわけである．

この「証明」もいろいろあろうが，よくあるのは，たとえば $v$ を固定しての

$$x = x(u, v)$$

が

$$dx = \frac{\partial x}{\partial u}du + \frac{\partial x}{\partial v}dv$$

なので，

$$\frac{\partial x}{\partial u} \neq 0$$

のとき（もしこれが 0 なら，他の偏微係数で 0 にならないものから始める），$u$ について解いての

$$u = U(x, v)$$

があって，この

$$du = \frac{\partial U}{\partial x}dx + \frac{\partial U}{\partial v}dv$$

は，微分の方（1 次式）の

$$du = \frac{1}{\dfrac{\partial x}{\partial v}}dx - \frac{\dfrac{\partial x}{\partial v}}{\dfrac{\partial x}{\partial u}}dv$$

と一致する．これから

$$Y(x, v) = y(U(x, v), v)$$

については

$$dy = \frac{\dfrac{\partial y}{\partial u}}{\dfrac{\partial x}{\partial u}}dx + \frac{\dfrac{\partial(x, y)}{\partial(u, v)}}{\dfrac{\partial x}{\partial u}}dv$$

になって，$v$ について解くことによって

$$v = v(x, y)$$

が得られる，という風にしていく，これは，1次方程式の「代入法」による解法をしているのである．

なぜ，こんな「証明」をするかというと，微分した1次変換について一挙に「公式」を出すのはよいが，その「証明」の方は1つ変数の少ない場合に帰着さすと，一般に $n$ 変数の場合も帰納法になり，その変数を少なくしていくというのが「1次方程式」でいうと「代入法」だからである．

本来，「逆写像定理」だけでは，「関数行列式の意味」がわかるはずもなかったわけで，微分して1次変換にしての面積比，つまり〈無限小面積比〉が利いてくる理由は，すべて〈連立1次方程式〉のところにあったのである．

## ❹ 変数変換公式

これで「復習」はおわることにするが，この「逆写像定理」と「変数変換定理」は同じようなものなので

$$\iint_{T(D)} f(x,y)dxdy$$
$$= \iint_D f(x(u,v),y(u,v))\frac{\partial(x,y)}{\partial(u,v)}dudv$$

はたとえば

$$
\begin{aligned}
&\iint_{T(D)} f(x,y)dxdy \\
&\quad = \int dx \int f(x,y)dy \\
&\quad = \iint_{S(D)} f(x,Y(x,v)) \frac{\dfrac{\partial(x,y)}{\partial(u,v)}}{\dfrac{\partial x}{\partial u}} dxdv \\
&\quad = \int dv \int f(x,Y(x,v)) \frac{\dfrac{\partial(x,y)}{\partial(u,v)}}{\dfrac{\partial x}{\partial u}} dxdv \\
&\quad = \iint_{D} f(x(u,v),y(u,v)) \frac{\dfrac{\partial(x,y)}{\partial(u,v)}}{\dfrac{\partial x}{\partial u}} \cdot \frac{\partial x}{\partial u} dudv \\
&\quad = \iint_{D} f(x(u,v),y(u,v)) \frac{\partial(x,y)}{\partial(u,v)} dudv
\end{aligned}
$$

のような「証明」が可能になる．

ただし，ここでは，微分と違って積分で，局所的な関係ではなくて $D$ という領域で考えねばならないので，

$$\frac{\partial x}{\partial u} \neq 0$$

を $D$ 全体で仮定するわけにはいかない．しかし，この場合には局所領域ごとに変数変換したのをつぎたせばよいわけで，$D$ がコンパクトといった条件があれば，$D$ を局所領域の有限個でつぎ合わせるという「被覆定理」によってかまわない．

しかし，この定理はまだいろいろウルサイことがある．例によって $f$ の連続性ぐらいは仮定し，

$$\frac{\partial(x,y)}{\partial(u,v)} \neq 0$$

で，局所的に逆変換の存在もいうが，あとで少しコメントすることだが，

$$T : D \longrightarrow T(D)$$

が 1 対 1 になっていることも，仮定しておかないといけない．この場合は，$D$ と $T(D)$ が微分演算に関する性質（微分構造）まで含めて同型（微分同型）になっているのである．

ところが，$D$ についての性質で，コンパクトな積分可能な領域とすると，$T(D)$ がコンパクトなことは $T$ の連続性からすむが，$T(D)$ が積分可能なことはすぐはわからない．この点で，厳密にはもう少しデリケートな評価をしなければならないので，「微積分の難所」とされている．しかし，教科書でも講義でも，このあたりをキッチリやるのはよほどリチギな人なので，まあ手がぬかれていると心得ているだけでよい，ルベーグ積分の場合だと，積分の方が一般的なためにこんな議論はいらないし，この段階でコルのは少しアホクサイ．

今のように，1 変数に帰着させないで，局所的に

$$dxdy = \frac{\partial(x,y)}{\partial(u,v)} dudv$$

であることから，積分の定義をからめて「証明」してあることもある．このときも，上のデリケートなところのチョロマカシ方の程度はいろいろあるが，だいたいどこかで手がぬかれるのが普通である．

ここでの問題は，そのような「証明のデリカシー」よりも，無限小面積比の

$$\frac{\partial(x,y)}{\partial(u,v)} = \lim_{D \to (u,v)} \frac{m(T(D))}{m(D)}$$

のイメージのもとに，変数変換公式を把握しておくことだろう．これにまつわるゴチャゴチャしたことを含めて「復習」までしたのだが，ゴチャゴチャはすべて

**1 次変換に帰着している**

のであって，微分したあとは「1 次計算」なのである．どうせゴチャゴチャの方は忘れる方が自然だし，実際に必要なのは最終的な面積比だけである．ここで定積分の変数変換の結果は

**$f$ の $dxdy$ による積分を $\dfrac{\partial(x,y)}{\partial(u,v)}dudv$ に関する積分に直すこと**

のように考えておくとよい．

2 変数の場合のひとつの特性は，上の表現にもあるように

**$dxdy$ を自立した存在のように考える**

ことのメリットが，1 変数のときより格段に増していることである．この 2 次元の $dxdy$ を面要素，3 次元のときは $dxdydz$ のことを体要素という．1 変数の $dx$ は線要素というわけである．

## ❺ 面積の符号

じつはまだ，上の議論には，いくつかの難点がある．例で始めよう．

$$x = u + v$$

$$y = uv$$

について

$$dx = du + dv$$

$$dy = vdu + udv$$

なので

$$\frac{\partial(x,y)}{\partial(u,v)} = \begin{vmatrix} 1 & 1 \\ v & u \end{vmatrix} = u - v$$

となって

$$dxdy = (u - v)dudv$$

となる．

しかしたとえば

$$\iint\limits_{\substack{2\leq x\leq 3\\ 0\leq y\leq 1}} f(x,y)dxdy = \iint\limits_{\substack{2\leq u+v\leq 3\\ 0\leq uv\leq 1}} f(u+v,uv)(u-v)dudv$$

のようにしてはいけない．

この変換の $(u,v)$ は

$$\lambda^2 - x\lambda + y = 0$$

の 2 根であるから，$(u,v)$ が実であるためには

$$x^2 \geqq 4y$$

でなければならない．そして関数行列式が 0 となる

$$u = v$$

に関して，$(u,v)$ そ $(v,u)$ は対称になっている．そしてこの対称軸が

$$D = \{(x,y) \mid x^2 \geqq 4y\}$$

の境界の

$$x^2 = 4y$$

に対応しているのである．

ここで，$(u,v)$ 平面を $u=v$ に関して折り返えすと，この半平面が $(x,y)$ 平面の $D$ に対応しているわけで，

$$(x,y) \longleftrightarrow (u,v)$$

は，折り返えすまえでいうと，1 対 2 に対応している．

結局，次ページの図のように，この折りまげた半平面を変形したのが $D$ になっているわけである．このように

**変換の仕方をチェックする**

ことをしないと，とくに 2 変数になると危険である．このことは，1 変数でもないわけではないが，1 変数の場合には両端で規制されてしまうので，こうした危険はまず起こらなかったわけである．

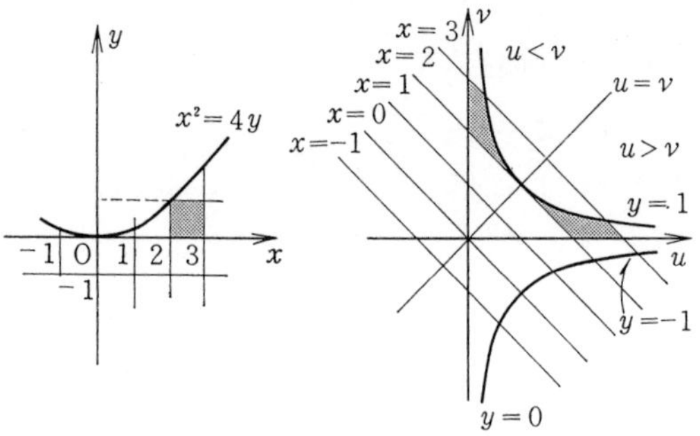


この場合，$u$ と $v$ で対称なので

$$\iint_{\substack{2\le u+v\le 3\\ 0\le uv\le 1\\ u\ge v}} f(u+v,uv)(u-v)dudv = \iint_{\substack{2\le u+v\le 3\\ 0\le uv\le 1\\ v\ge u}} f(u+v,uv)(v-u)dudv$$

のはずである．だから

$$\iint_{\substack{2\le u+v\le 3\\ 0\le uv\le 1}} f(u+v,uv)(u-v)dudv = 0$$

となる．このようなことの生ずるのは，行列式は負の値もとりうるので，「負の面積」が出ているのである．

じつは，1 変数のときも，$a<b$ について

$$\int_{a\le x\le b} f(x)dx = \int_a^b f(x)dx$$

だが，ここで $b<a$ の場合も考える，このときは，区間 $[b,a]$ を「$a$ から $b$ に」つまり「負の方向」に考えているので，「負の長さ」

$$\overrightarrow{\mathrm{AB}} = -\overrightarrow{\mathrm{BA}}$$

を考えていたのである.

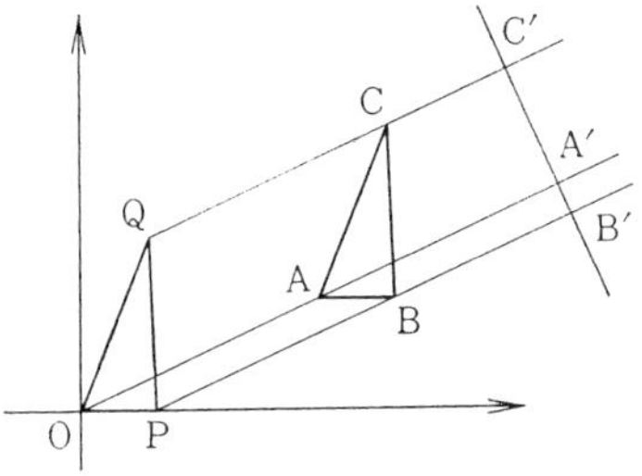


前に行列式を考えたとき, 平行 4 辺形の「底辺」の $\overrightarrow{\mathrm{OA}}$ を共通として,「高さ」の方は

$$\overrightarrow{\mathrm{A'C'}} = \overrightarrow{\mathrm{A'B'}} + \overrightarrow{\mathrm{B'C'}}$$

となっている. それで $\overrightarrow{\mathrm{OA}}$ から左側を正, 右側を負として, 平行 4 辺形の面積の記号をたとえば

$$\square(\overrightarrow{\mathrm{OA}}, \overrightarrow{\mathrm{OQ}})$$

とでも書くことにすると

$$\square(\overrightarrow{\mathrm{OA}}, \overrightarrow{\mathrm{OQ}}) = \square(\overrightarrow{\mathrm{OA}}, \overrightarrow{\mathrm{OP}}) + \square(\overrightarrow{\mathrm{PB}}, \overrightarrow{\mathrm{PQ}})$$

という式が

$$\overrightarrow{\mathrm{OQ}} = \overrightarrow{\mathrm{OP}} + \overrightarrow{\mathrm{PQ}}$$

に対応しているのである，それで，裏返えすと右と左が逆になるわけで，符号が反対になる.

実際に

$$x = v$$

$$y = u$$

の場合は

$$dxdy = \begin{vmatrix} 0 & 1 \\ 1 & 0 \end{vmatrix} dudv = -dudv = -dydx$$

で， $dxdy$ も外積計算のように考えた方がよい．このことを意識するときは， $dxdy$ を $dx \wedge dy$ と書いて

$$dx \wedge dy = -dy \wedge dx$$

のようにするのが普通である．最近の教科書には，外積で考えているのもあるが，少し古いのは符号を考えずに

$$dxdy = \left| \frac{\partial(x,y)}{\partial(u,v)} \right| dudv$$

としてあるのもある．しかしこれも，さきの例だと

$$\iint_{\substack{2 \le u+v \le 3 \\ 0 \le uv \le 2}} f(u+v, uv)|u-v|dudv = 2 \int_{\substack{2 \le x \le 3 \\ 0 \le y \le 2}} f(x,y)dxdy$$

になってしまう．

1 変数のときでも, 符号なしでは

$$dx = |x'(u)|\, du$$

で，たとえば

$$x = u^2$$

のような場合に

$$\int_{|u| \le 1} f\left(u^2\right) |2u| du = 2 \int_{0 \le x \le 1} f(x) dx$$

になる．しかし，たいていは $u$ の「$-1$ から $1$ まで」を $x$ の「$1$ から $1$ まで」に対応させてしまうので，まぎれることがない．1変数の場合の積分区間のチェックで必要なことは，むしろその区間で連続かどうかであって，符号の方は往復するとキャンセルするので，べつに問題にならない，しかし，2次元になると「線上の往復」ではなしに「面の折りたたみ」になるので，両端で判断するようにはいかない，それで，このような積分範囲のチェックをしないと危ないのである．

結局，

$$\iint_{\substack{2\leq x\leq 3\\ 0\leq y\leq 2}} f(x,y)dxdy = \iint_{\substack{2\leq u+v\leq 3\\ 0\leq uv\leq 2\\ u\geq v}} f(u+v,uv)(u-v)dudv$$

というのが正しい変換である．実際に，このあたりを不用意にするとヘンなことが起こりうるし，イジワルな大学教師はここでヒッカケル問題を作ることがあるから，用心が必要である．

## ❻ 写像の重複度

上のは折りたたんだ例だが，折りたたみのように符号が逆転しないでも，重複の生ずる場合もある．たとえば

$$x = u^2 - v^2$$

$$y = 2uv$$

を考えよう．これは微分すると

$$dx = 2udu - 2vdv$$

$$dy = 2vdu + 2udv$$

なので

$$dxdy = 4\left(u^2 + v^2\right) dudv$$

で，(0,0) に特異点がある．このときも，たとえば

$$\int_{1 \leqq x^2+y^2 \leqq 4} f(x,y)dxdy = \int_{1 \leqq u^2+v^2 \leqq 2} f\left(u^2 - v^2, 2uv\right) 4\left(u^2 + v^2\right) dudv$$

のようにして失敗することがある．

じつはタネアカシをすると，この変換は

$$x + iy = z, \quad u + iv = w$$

としたときの

$$z = w^2$$

を実部と虚部に分けているのである．このとき

$$\begin{aligned} w &= u + iv, \quad \bar{w} = u - iv \\ u &= \frac{w + \bar{w}}{2}, \quad v = \frac{w - \bar{w}}{2i} \end{aligned}$$

で

$$\begin{aligned} \frac{\partial z}{\partial w} &= \frac{1}{2}\frac{\partial z}{\partial u} + \frac{1}{2i}\frac{\partial z}{\partial v} \\ \frac{\partial z}{\partial \bar{w}} &= \frac{1}{2}\frac{\partial z}{\partial u} - \frac{1}{2i}\frac{\partial z}{\partial v} \end{aligned}$$

のようになって，じつは

$$\frac{\partial z}{\partial w} = z'(w), \quad \frac{\partial z}{\partial \bar{w}} = 0$$

のように考えられ，

$$dzd\bar{z} = z'(w)dw\overline{z'(w)}d\bar{w} = \left|z'(w)\right|^2 dwd\bar{w}$$

で

$$dzd\bar{z} = -2idxdy, \quad dwd\bar{w} = -2idudv$$

と考えられて，今の場合は

$$z'(w) = 2w$$

なので

$$dxdy = 4\left(u^2 + v^2\right) dudv$$

になっていたのである．この種の議論は「複素関数論」を比較的ハイカラにやるときの基礎で，さしあたりは直接の関数行列式の計算だろうが，それでも，この $z = w^2$ ということを背景にする と，以下の議論は見やすい．

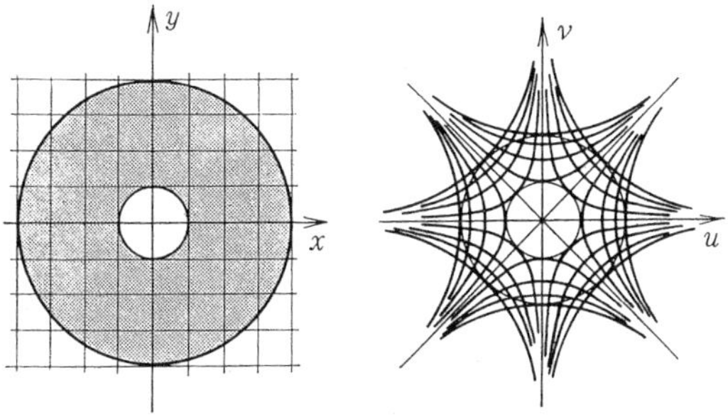


この場合も $(x, y)$ と $(u, v)$ の対応は $1:2$ である．ただし，今度は，たとえば上半平面

$$v \geqq 0$$

を考えると，そのときの $u$ 軸のマイナスの部分をまわして正の部分に重ねると，これがゴムで出来ているとすると，まあ $(x, y)$ 平面になったような感じである． 下半平面の方も同じようにすると2重になる．これがいわゆるリーマン面であるわけだが，たとえば $(u, v)$ 平面の単位円の

$$u^2 + v^2 = 1$$

を半回転しただけで，$(x,y)$ 平面の

$$x^2+y^2=1$$

ができて，もう半回転までさせると，$(x,y)$ の方は 2 回転になっているわけである．

この場合は,「折りたたみ」というよりは「巻きこみ」で,「面積の符号」は変わらないし，関数行列式が 0 になる特異点 $(0,0)$ が「巻きこみ」の特異性の渦になっている．それで，このときは

$$\iint_{1\leqq u^2+v^2\leqq 2} f\left(u^2-v^2,2uv\right)4\left(u^2+v^2\right)dudv$$
$$=2\iint_{1\leqq x^2+y^2\leqq 4} f(x,y)dxdydxdy$$

で，たとえば

$$\iint_{1\leq x^2+y^2\leq 4} f(x,y)dxdy=\iint_{\substack{1\leq u^2+v^2\leq 2\\ v\geqq 0}} f\left(u^2-v^2,2uv\right)4\left(u^2+v^2\right)dudv$$

というのが変数変換の結果になる．このような現象は，1 変数では起こらなかったことである．それは，1 変数は 1 次元直線だから，1 つでも特異点があると，そこで半直線に分割されて積分範囲がつながらないのだが，2 変数だと 2 次元平面なので，特異点を迂回してつながることがあるのである．

このようなことは実際にも注意する必要があるし，とくに「関数論」や「位相幾何」を専攻する大学教師の場合は，この種の考慮を必要とする試験問題を作るかもしれない．

## ❼ 極座標

直角座標の次に重要なのは，もちろん極座標である（あるいは直角座標と並んで，というべきかもしれない）．とくに重積分では

**積分範囲に中心対称性があるとき**

は，当然に極座標がよい．円板での 2 重積分や，円柱や球での 3 重積分のときである．

極座標

$$x = \rho\cos\varphi$$

$$y = \rho\sin\varphi$$

への変換公式は，すでに

$$dxdy = \rho d\rho d\varphi$$

というのを最初にやった．一般論での関連で関数行列式を計算してみても

$$dx = \cos\varphi d\rho - \rho\sin\varphi d\varphi$$

$$dy = \sin\varphi d\rho + \rho\cos\varphi d\varphi$$

だから

$$\begin{vmatrix} \cos\varphi & -\rho\sin\varphi \\ \sin\varphi & \rho\cos\varphi \end{vmatrix} = \begin{vmatrix} \cos\varphi & -\sin\varphi' \\ \sin\varphi & \cos\varphi \end{vmatrix}\rho = \rho$$

である．じつは，この式は

$$\begin{pmatrix} dx \\ dy \end{pmatrix} = \begin{pmatrix} \cos\varphi & -\sin\varphi \\ \sin\varphi & \cos\varphi \end{pmatrix}\begin{pmatrix} d\rho \\ \rho d\varphi \end{pmatrix}$$

のように，ディメンジョンを合わした $\rho d\varphi$ を考えた方が，意味も計算もとり易い．この

$$R_\varphi = \begin{pmatrix} \cos\varphi & -\sin\varphi \\ \sin\varphi & \cos\varphi \end{pmatrix}$$

は回転であって，〈無限小〉としての $(dx, dy)$ と $(d\rho, \rho d\varphi)$ との関係を意味している．

これは，図による説明で代行する方式の意味を語っている．

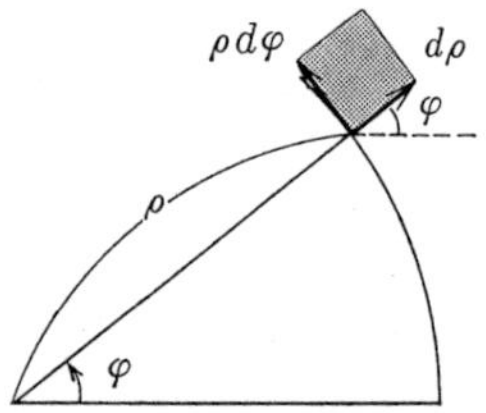


ここで，$\varphi$ は周期 $2\pi$ で，つまり「0 から $2\pi$」とか「$-\pi$ から $\pi$」とかで代表して考えるのだが，$rho$ の方は正だけを考えるのが普通である．それには，半径 1 の円柱面に紙をまきつけると，その上の点は高さ $z$ と $\varphi$ で表わせる．ここでたとえば

$$\rho = e^z$$

とすると，$\rho$ は正になる．これは，円柱面の一方を縮めて，円錐面を考えているのと同じことである．

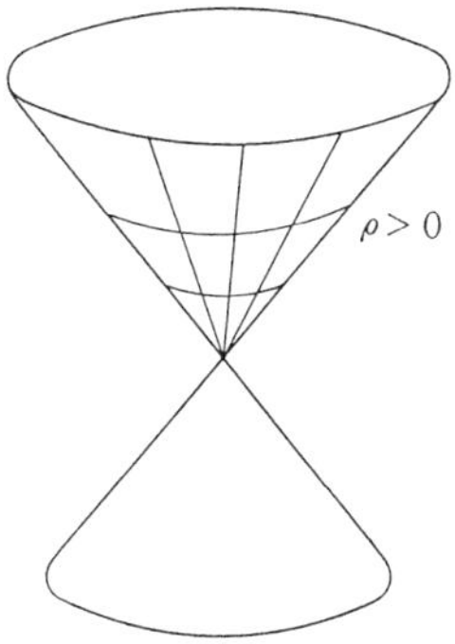


極座標では $\rho$ の負の方を考えることもあるが，そのときは，この円錐面の下方も考えていることにあたる．この円錐面をヒシャゲルと平面になる．平面の極座標というのは実質上は円錐面と同等であって，円錐面の頂点は特異点であり，したがって

$$\rho = 0$$

は極座標表示の特異点になっている．もう 1 枚の $\rho < 0$ を考えると，この 2 枚の平面が特異点のところでだけつながっている形になる．そして，これが関数行列式の $\rho$ が 0 になる点の状況である．

3 次元の場合も，$(x, y)$ を $(\rho, \varphi)$ で変換すると

$$dxdydz = \rho d\rho d\varphi dz$$

になる．これは円柱座標という．なぜなら

$$\rho = \text{ const}$$

が円柱面で，円柱面上の座標として $\varphi$ と $z$ があるからである．直角座標は，たとえば $(x, y)$ 平面への距離 $z$ が定まった（高さがわかった）とすると，次は $(x, y)$ 座標の方はわかり，合わせて $(x, y, z)$ になった．円柱座標の方は，まず $z$ 軸との距離 $\rho$ から始めたともいえる．さらに原点との距離 $r$ から始めると，球面上の座標を考え

ることになる．これが，球面座標ともよばれる「3 次元の極座標」である．

ここで，球面上で子午線をどれだけ回転しているかという「経度」の方が $\varphi$ である．この値は，地球のように「東経」と「西経」で「 $-\pi$ から $\pi$ まで」とする流儀と，「0 から $2\pi$」とする流儀とあるが，要は周期 $2\pi$ ということである．「$-\pi$ から $\pi$」の方は 0 を中心に対称にしたい気持ちで，「0 から $2\pi$」 は周期の $2\pi$ を目立たせたい気持ち，まあどちらも気持ちがわからんでもない．

問題は「緯度」の方だが，地球のように「赤道」から測る流儀と，天文のように「北極」（北極星）から測る流儀とがある．どういうわけか，「数学」の伝統としては，北極から測るのが多数派であって

$$z = r\cos\theta$$

$$\rho = r\sin\theta$$

とする．

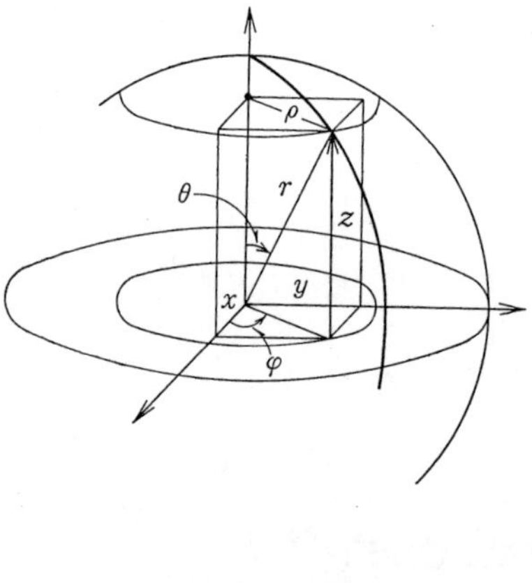


このとき，

$$dz d\rho = r dr d\theta$$

なので

$$
\begin{aligned}
dxdydz &= \rho d\rho d\varphi dz \\
&= \rho dz d\rho d\varphi \\
&= r\sin\theta r dr d\theta d\varphi \\
&= r^2 \sin\theta dr d\theta d\varphi
\end{aligned}
$$

になっている．

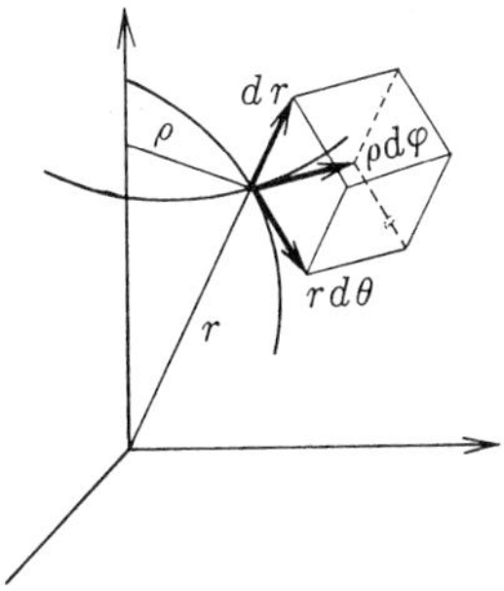


これは，直接の計算としては

$$
\begin{aligned}
x &= r\sin\theta\cos\varphi \\
y &= r\sin\theta\sin\varphi \\
z &= r\cos\theta
\end{aligned}
$$

になる．じつは，さきの計算で $z$ を前においたように

$$
\begin{aligned}
z &= r\cos\theta \\
x &= r\sin\theta\cos\varphi \\
y &= r\sin\theta\sin\varphi
\end{aligned}
$$

の方がよい．sin と cos の並び方がこちらの方が整っていて，もっと一般の $n$ 次元の極座標に一般化される形になっている．実際に北極の $z$ 軸から測って緯円にいたり，緯円上の「極」の $x$ 軸から測る，というように「測り方の原理」が一貫している．

$x, y, z$ の順にしたければ，まず赤道上で $x$ から測り，つぎに子午線上で赤道から測るというように，地球上の緯度と同じく赤道から測った $\tilde{\theta}$ をとった方がよい．このときだと

$$x = r\cos\tilde{\theta}\cos\varphi$$
$$y = r\cos\tilde{\theta}\sin\varphi$$
$$z = r\sin\tilde{\theta}$$

になる．実際は sin と cos が入れかわるだけで，本質的な差はなくて

$$dxdydz = r^2\cos\tilde{\theta}drd\varphi d\tilde{\theta}$$

となるだけである，最近の流儀では， sin より cos を主体にする方式もあるが，やはり伝統的には sin を主体にするので，北極から測るのである．

ここで

$$dz = \cos\theta dr - r\sin\theta d\theta$$
$$dx = \sin\theta\cos\varphi dr + r\cos\theta\cos\varphi d\theta - r\sin\theta\sin\varphi d\varphi$$
$$dy = \sin\theta\sin\varphi dr + r\cos\theta\sin\varphi d\theta + r\sin\theta\cos\varphi d\varphi$$

すなわち

$$\begin{pmatrix} dz \\ dx \\ dy \end{pmatrix} = \begin{pmatrix} \cos\theta & -\sin\theta & 0 \\ \sin\theta\cos\varphi & \cos\theta\cos\varphi & -\sin\varphi \\ \sin\theta\sin\varphi & \cos\theta\sin\varphi & \cos\varphi \end{pmatrix} \begin{pmatrix} dr \\ rd\theta \\ r\sin\theta d\varphi \end{pmatrix}$$

となっている．これは直接に行列式を計算してもできるが，さきの

極座標への変換を 2 度やったのは

$$\begin{pmatrix} dz \\ dx \\ dy \end{pmatrix} = \begin{pmatrix} 1 & 0 & 0 \\ 0 & \cos\varphi & -\sin\varphi \\ 0 & \sin\varphi & \cos\varphi \end{pmatrix} \begin{pmatrix} dz \\ d\rho \\ \rho d\varphi \end{pmatrix}$$

$$= \begin{pmatrix} 1 & 0 & 0 \\ 0 & \cos\varphi & -\sin\varphi \\ 0 & \sin\varphi & \cos\varphi \end{pmatrix} \begin{pmatrix} \cos\theta & -\sin\theta & 0 \\ \sin\theta & \cos\theta & 0 \\ 0 & 0 & 1 \end{pmatrix} \begin{pmatrix} dr \\ rd\theta \\ r\sin\theta d\varphi \end{pmatrix}$$

としたのであって，たしかに

$$\begin{pmatrix} \cos\theta & -\sin\theta & 0 \\ \sin\theta\cos\varphi & \cos\theta\cos\varphi & -\sin\varphi \\ \sin\theta\sin\varphi & \cos\theta\sin\varphi & \cos\varphi \end{pmatrix}$$

$$= \begin{pmatrix} 1 & 0 & 0 \\ 0 & \cos\varphi & -\sin\varphi \\ 0 & \sin\varphi & \cos\varphi \end{pmatrix} \begin{pmatrix} \cos\theta & -\sin\theta & 0 \\ \sin\theta & \cos\theta & 0 \\ 0 & 0 & 1 \end{pmatrix}$$

となっている，これは，極座標を考えるとき，子午線に沿ってと緯円に沿ってと，2 度回転を考えることに対応している．

ここで関数行列式が 0 になるのは，$r=0$ 以外に，$r$ が正でも

$$\sin\theta = 0$$

すなわち，$\theta = 0$（北極）と $\pi$（南極）が特異点になる．実際に地球でいえば，両極は「東西南北」の方位概念がなくなる点なのである．

いろいろと調べてみたが，変数変換の結論だけなら，形式的にでも図形的にでもえられることで，関数行列式を 3 次元で考えるほどのこともない．しかし，

**球面と回転のかかわり**

自体，重要なことであって，そうしたことが「大学数学教師の好み」にあってもいるので，これと同じく

$$x_1 = r\cos\theta_1$$

$$\rho_1 = r\sin\theta_1$$

から始まって

$$x_k = \rho_{k-1}\cos\theta_k$$

$$\rho_k = \rho_{k-1}\sin\theta_k$$

としていって, 最後に

$$x_n = \rho_{n-1}$$

としたときの

$$dx_1 dx_2 \cdots dx_n = r^{n-1}\sin^{n-2}\theta_1 \sin^{n-3}\theta_2 \cdots \sin\theta_{n-2} dr d\theta_1 \cdots d\theta_{n-1}$$

といった $n$ 次元極座標が例題になったりする．一見は難しそうだが

**3 次元のときがよく判っていること**

だけが問題であって，それさえ判れば $n$ 次元なんていってもチョロイものである．

## ❽ B関数とΓ関数

重積分は定積分で，しかもそれが複合されているのだから，定積分を経由しないでも，定積分の基本的な場合に帰着させた方がよい．たとえば

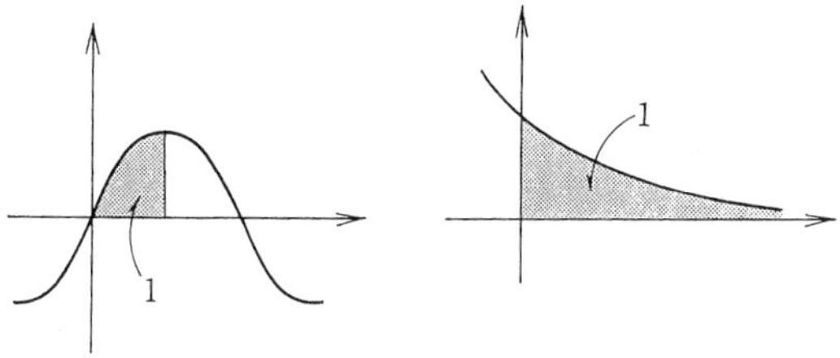


$$\int_0^{\frac{\pi}{2}} \sin x dx = \int_0^{\frac{\pi}{2}} \cos x dx = 1,$$
$$\int_0^{+\infty} e^{-x} dx = 1$$

のようなものは，いわば基本事項に属する．高校でも

$$\int_a^b (x-a)(b-x)dx = \frac{1}{6}(b-a)^3$$

なんていうのもある．これ自体は，どうせディメンジョンから，$(b-a)^3$ がつくはずで，係数の方は $b=1, a=0$ の場合の

$$\int_0^1 x(1-x)dx = \frac{1}{6}$$

からわかるとすればよい．

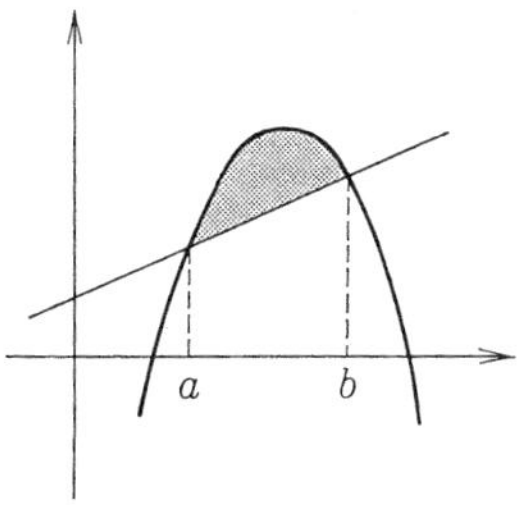


正式には

$$x - a = t(b-a)$$

という変換で

$$\int_a^b (x-a)(b-x)dx = (b-a)^3 \int_0^1 t(1-t)dt$$

となっている．高校では「公式」としてまではやらないが，「3 次式の求積」や「4 次式の求積」では

$$\int_a^b (x-a)^2(b-x)dx = \int_a^b (x-a)(b-x)^2 dx = \frac{1}{12}(b-a)^4$$
$$\int_a^b (x-a)^2(b-x)^2 dx = \frac{1}{30}(b-a)^5$$

だって使える．

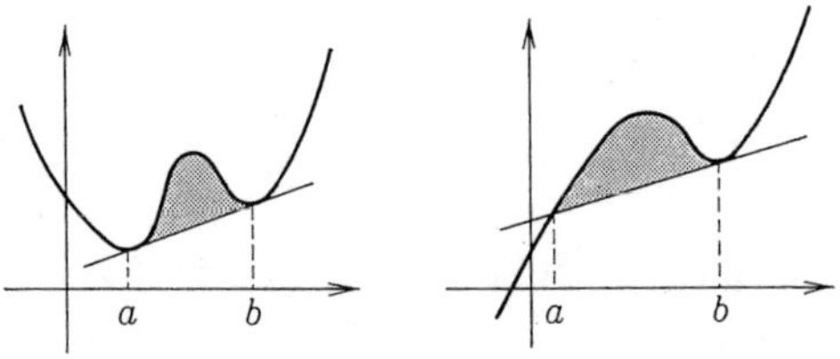


これらを一般的に扱うのが，オイラーの積分といわれる，$B$ 関数と $\Gamma$ 関数である．1 変数の積分について「演習問題」程度にしか扱われていないことが多いが，発展での有効性はさきのことにしても，当面の計算としても効果バツグンである．それで，2 重積分になると，ますます「演習問題」として扱われることも多くなるわけである．

標準的な形としては

$$B(\alpha,\beta) = \int_0^1 x^{\alpha-1}(1-x)^{\beta-1}dx \quad (\alpha,\beta > 0)$$
$$\Gamma(\alpha) = \int_0^{+\infty} x^{\alpha-1}e^{-x}dx \quad (\alpha > 0)$$

である．これに帰着できる形はいろいろあって，それ自体「1変数の定積分の計算練習」であるが，さしあたり $B$ 関数については

$$x=\sin^2\varphi, \quad dx=2\sin\varphi\cos\varphi d\varphi$$

から

$$B(\alpha,\beta)=2\int_0^{\frac{\pi}{2}}\sin^{2\alpha-1}\varphi\cos^{2\beta-1}\varphi d\varphi$$

であり, $\Gamma$ 関数については

$$x=u^2, \quad dx=2udu$$

で

$$\Gamma(\alpha)=2\int_0^{+\infty}u^{2\alpha-1}e^{-u^2}du$$

となることに注意しておこう．とくに

$$\Gamma\left(\frac{1}{2}\right)=2\int_0^{+\infty}e^{-u^2}du=\int_{-\infty}^{+\infty}e^{-u^2}du$$

は有名なガウスの積分で，$\sqrt{2}$ 倍した

$$v=\sqrt{2}u$$

による

$$\sqrt{2}\Gamma\left(\frac{1}{2}\right)=\int_{-\infty}^{+\infty}e^{-\frac{v^2}{2}}dv$$

の形で使われることも多い．

このガウスの積分を特殊な場合として含む，$B$ 関数と $\Gamma$ 関数の関係式は

$$\boxed{B(\alpha,\beta)\Gamma(\alpha+\beta)=\Gamma(\alpha)\Gamma(\beta)}$$

で，それには

$$\int_0^{\frac{\pi}{2}}\sin^{2\alpha-1}\varphi\cos^{2\beta-1}\varphi d\varphi\cdot\int_0^{+\infty}\rho^{2(\alpha+\beta)-1}e^{-\rho^2}d\rho$$
$$=\int_0^{+\infty}x^{2\alpha-1}e^{-x^2}dx\int_0^{+\infty}y^{2\rho-1}e^{-y^2}dy$$

をいえばよいが，これは第 1 象限

$$D = \{(x, y) \mid x, y > 0\}$$

を，極座標に変換しただけのことである．これは積分範囲がコンパクトでないので，「教科書」によってはコンパクトな領域で近似するところを，「変格積分」風に書いてあることもあるが，本来は被積分関数が正だから，そのままアツメルと考えてよい．まあ「教師」や「教科書」にテキトーにつきあっておけばよいだろう．

$\Gamma$ 関数の基本は

$$\boxed{\Gamma(\alpha + 1) = \alpha\Gamma(\alpha)}$$

という関係にある．それは部分積分で

$$\begin{aligned}\int_0^{+\infty} x^\alpha e^{-x} dx &= \left[x^\alpha \left(-e^{-x}\right)\right]_{x=0}^{+\infty} + \int_0^{+\infty} \alpha x^{\alpha-1} e^{-x} dx \\ &= \alpha \int_0^{+\infty} x^{\alpha-1} e^{-x} dx\end{aligned}$$

ということである．とくに

$$\Gamma(1) = \int_0^{+\infty} e^{-x} dx = 1$$

だから，

$$\Gamma(n + 1) = n!$$

になる．$\Gamma\left(\dfrac{1}{2}\right)$ の方は

$$\left(\Gamma\left(\frac{1}{2}\right)\right)^2 = B\left(\frac{1}{2}, \frac{1}{2}\right) = 2\int_0^{\frac{\pi}{2}} d\varphi = \pi$$

から

$$\Gamma\left(\frac{1}{2}\right) = \sqrt{\pi}$$

になっている．

なお,

$$x = 1 - y, \quad dx = -dy$$

によって

$$\int_0^1 x^{\alpha-1}(1-x)^{\beta-1}dx = \int_0^1 (1-y)^{\alpha-1}y^{\beta-1}dy$$

なので

$$B(\alpha, \beta) = B(\beta, \alpha)$$

である.

実用的に便利なのは,

$$\int_0^{\frac{\pi}{2}} \sin^n \varphi d\varphi = \int_0^{\frac{\pi}{2}} \cos^n \varphi d\varphi = \frac{1}{2}B\left(\frac{n+1}{2}, \frac{1}{2}\right)$$

で

$$B\left(\frac{n+1}{2}, \frac{1}{2}\right) = \frac{\Gamma\left(\frac{n+1}{2}\right)\Gamma\left(\frac{1}{2}\right)}{\Gamma\left(\frac{n+2}{2}\right)} = \frac{\frac{n-1}{2}\Gamma\left(\frac{n-1}{2}\right)\Gamma\left(\frac{1}{2}\right)}{\frac{n}{2}\Gamma\left(\frac{n}{2}\right)}$$
$$= \frac{n-1}{n}B\left(\frac{n-1}{2}, \frac{1}{2}\right)$$

となることで

$$\int_0^{\frac{\pi}{2}} \sin^{n+2} \varphi d\varphi = \frac{n+1}{n+2}\int_0^{\frac{\pi}{2}} \sin^n \varphi d\varphi$$

とできることである. とくに

$$\int_0^{\frac{\pi}{2}} \sin^{2n} \varphi d\varphi = \frac{2n-1}{2n} \cdot \frac{2n-3}{2n-2} \cdots \frac{5}{6} \cdot \frac{3}{4} \cdot \frac{1}{2}\int_0^{\frac{\pi}{2}} d\varphi$$
$$= \frac{2n-1}{2n} \cdot \frac{2n-3}{2n-2} \cdots\cdots \frac{5}{6} \cdot \frac{3}{4} \cdot \frac{1}{2} \cdot \frac{\pi}{2}$$
$$\int_0^{\frac{\pi}{2}} \sin^{2n+1} \varphi d\varphi = \frac{2n}{2n+1} \cdot \frac{2n-2}{2n-1} \cdots\cdots \frac{6}{7} \cdot \frac{4}{5} \cdot \frac{2}{3}\int_0^{\frac{\pi}{2}} \sin \varphi d\varphi$$
$$= \frac{2n}{2n+1} \cdot \frac{2n-2}{2n-1} \cdots\cdots \frac{6}{7} \cdot \frac{4}{5} \cdot \frac{2}{3}$$

として計算できることである．この種の計算は，本来は「1 変数の定積分」ではあるが，$B$ 関数と $\Gamma$ 関数の関係の中で位置づけた方がよいので，「2 変数の積分」のところではじめて扱われることも多い．単純な式なので覚えやすいし，あとは符号と $\left[0, \frac{\pi}{2}\right]$ の単位を数えて

$$\int_0^{\frac{3}{2}\pi} \sin^4 x dx = 3\int_0^{\frac{\pi}{2}} \sin^4 x dx = 3 \cdot \frac{3}{4} \cdot \frac{1}{2} \cdot \frac{\pi}{2}$$

$$\int_0^{\frac{3}{2}\pi} \sin^5 x dx = \int_0^{\frac{\pi}{2}} \sin^5 x dx = \frac{4}{5} \cdot \frac{2}{3}$$

というような計算をするのである．

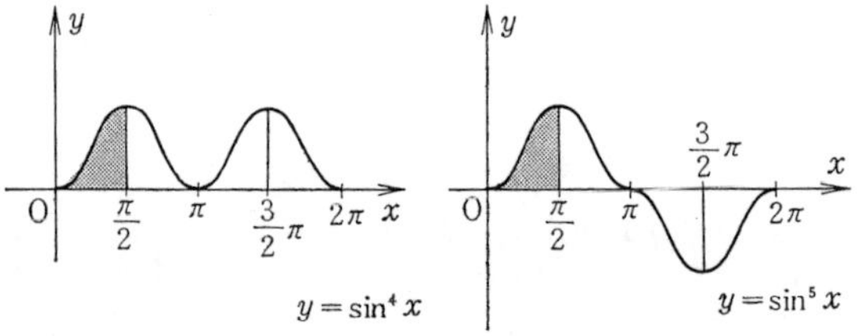

# §3　面積と体積

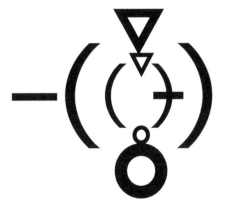

## ❶ 面積と体積の「公式」

重積分の計算というと，（密度）×（体積）のような形を集めるわけだが，それの基礎としての面積や体積の計算をするのと，実質的に変わらない．それで，「重積分の計算問題」というと，面積や体積の計算という形をとっている．「応用問題」ということなら，密度が関係してくることの方が多いかもしれないが，これはどちらかといらと〈概念〉の方がかっちりしていることだけが問題で，〈技術〉としては面積や体積の計算でよい．

平面上の領域 $D$ の面積は

$$m(D) = \iint_D dxdy$$

3 次元空間の領域 $D$ の体積は

$$m(D) = \iiint_D dxdydz$$

でよい．ここで

$$dS = dxdy, \quad dV = dxdydz$$

と書いて，面要素（または面積要素），体要素（または体積要素）といっている．つまり，$dS$ を集めたのが面積，$dV$ を集めたのが体積なのである．「数学的厳密性」ということでは，この $dS$や $dV$ が座標のとり方に無関係にきまることを言って，$m(D)$ が座標のとり方に無関係な量であることをいう．このことは，合同変換の関数行列式は 1 だからよい．もともと，行列式というものが面積比や体積比で，それを座標のとり方に関係ないように作らないと，概念自体の意味がないわけで，これはアタリマエのことである（アタリマエのことをわざわざ言う「数学的厳密性」なんて クダラナイと思うが，まあ仕方ないからさからわぬことだ）．

ここで，高校以来のイメージの，単積分というと面積で，2 重積分というと体積というのと，少し違和感があるかもしれない．

それは，$D$ が

$$0 \leqq y \leqq f(x), \quad a \leqq x \leqq b$$

のときだと，

$$\iint_D dS = \int_a^b dx \int_0^{f(x)} dy = \int_a^b f(x)dx$$

で，$f(x)$ のところに「長さの積分」がすんでいたのである．体積についても，$D$ が

$$0 \leqq z \leqq f(x,y), \quad (x,y) \in C$$

のときは

$$\iiint_D dV = \int_C dS \int_0^{f(x,y)} dz = \int_C f(x,y)dS$$

となる．

この $dS$ や $dV$ は極座標で考えてもよい．$D$ が扇形

$$0 \leqq \rho \leqq f(\varphi), \quad \alpha \leqq \varphi \leqq \beta$$

のときだと

$$\iint_D dS = \int_\alpha^\beta d\varphi \int_0^{f(\varphi)} \rho d\rho = \frac{1}{2}\int_\alpha^\beta (f(\varphi))^2 d\varphi$$

となる．とくに円板

$$\rho \leqq a$$

についてなら

$$\iint_D dS = \frac{1}{2}\int_0^{2\pi} \alpha^2 d\varphi = \pi a^2$$

という公式になる．

ついでながら，この「円板の面積」には，なんらかの意味で「3 角関数の微分」がサキドリされている，ここでいえば，$dS$を $\rho d\rho d\varphi$ としたところにある． sin の微分は， $\varphi=0$ における

$$(\sin\varphi)'_{\varphi=0}=(\cos\varphi)_{\varphi=0}$$

つまり

$$\lim_{\varphi\to 0}\frac{\sin\varphi}{\varphi}=1$$

を基礎にしているが，この「証明」に高校以来，「円板の面積」 を使うことが多い，ところが，この円板の面積なるものが，たいていは正 $n$ 角形の面積で近似するので

$$\lim_{n\to\infty} n\cdot\frac{1}{2}a^2\sin\frac{2\pi}{n}=\pi a^2$$

になるのだが，これ自身

$$\lim_{n\to\infty}\frac{\sin\dfrac{2\pi}{n}}{\dfrac{2\pi}{n}}=1$$

と同じである．それで，「論理的順序」はともかく，円板の面積というのは，この

$$dS=\rho d\rho d\varphi$$

の支配下に位置づけるのが，一番自然である．

このように考えると，3 次元の極座標でも同じことになって

$$0\leqq r\leqq f(\theta,\varphi),\quad (\theta,\varphi)\in C$$

という錐体だと

$$\begin{aligned}\iiint_D dV&=\iint_C \sin\theta d\theta d\varphi\int_0^{f(\theta,\varphi)} r^2 dV\\&=\frac{1}{3}\iint_C (f(\theta,\varphi))^3\sin\theta d\theta d\varphi\end{aligned}$$

となる．ここでも，とくに

$$r \leqq a$$

については

$$\iiint_D dV = \frac{a^3}{3}\int_0^{2\pi} d\varphi \int_0^{\pi} \sin\theta d\theta = \frac{4}{3}\pi a^3$$

となる．ここの係数の 1/3 は $r^2$ の積分から来ている．円の面積で 1/2 がつかなかったのは，「円周率」を半径と周の比にしないで，直径と周の比にしたので，$(2\pi)$ の 2 とキャンセルしたのである（ホントーは，$\pi$ の定義は人類失敗の「文化遺産」で，3.14 の方ではなくて，6.28 の方を$\rotatebox[origin=c]{180}{$\pi$}$（イパ）とでもしておけばよかった．$\pi$ が使われてから 2 世紀ほどだが，もうとりかえしがつかない）．

このほかに，「回転体」の体積というのがあった．これは，$D$ が円柱座標で

$$0 \leqq \rho \leqq f(z), \quad a \leqq z \leqq b$$

のときで

$$\iiint_D dV = \int_a^b dz \int_0^{2\pi} d\varphi \int_0^{f(z)} \rho d\rho = \pi \int_a^b (f(z))^2 dz$$

になっている．この積分したところが，「円板の面積」のくりかえしであるので，円板 $\pi(f(z))^2 \times dz$ を集めていくと考えるのである．

いろいろ「公式」めいたものを書いたが，むしろ

**ゴチャゴチャと公式を覚えない**

方がよい．むしろ，$dS$や$dV$ についての

$$dS = dxdy = \rho d\rho d\varphi$$

$$dV = dxdydz = \rho d\rho d\varphi dz = r^2 \sin\theta dr d\theta d\varphi$$

ぐらいで，あとは運用のコツでいく方が，ラクだし，便利である．

## ❷ 体積計算の実際

典型的な計算として，円柱座標に関連したものを扱うことにする．その理由は，計算の運用のコツにとって，ホドホドと思えるからである．「練習問題」や「試験問題」にこの種のものが多いのも，同じ理由による．

まず，

$$D: 0 \leqq z \leqq a-(x+y), \quad x^2+y^2 \leqq a^2$$

をやってみる．このようなとき，

**なるべく図の概略をかく**

ことが望ましい．できなければ

**不等式の範囲にたよる**

方を優先しなければ仕方ないが，両方をやった方が安全である．3 次元の図は，すぐには見当がつかなかったりするが，積分の問題を離れても〈3 次元的構想力〉として，人間にとって意味のある能力だろう．この問題の場合，そうした考慮を欠くと

$$m(D)=\iint_{x^2+y^2\leq a^2}(a-(x+y))dxdy$$

のような誤りをする．

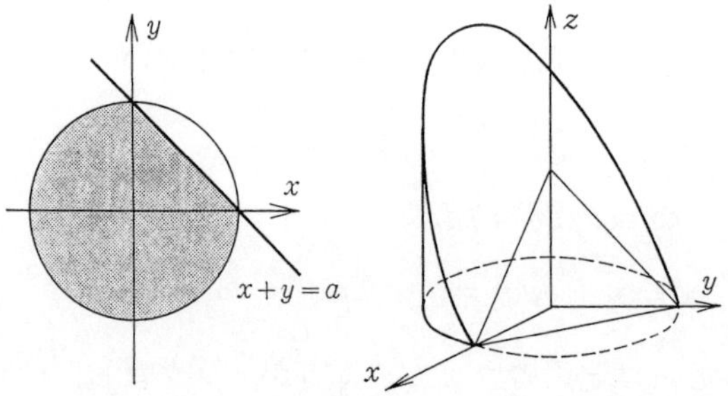

ここで正しいのは

$$m(D) = \iint_{\substack{x^2+y^2 \leq a^2 \\ x+y \leq a}} (a-(x+y))dxdy$$

である．このことは，平面

$$x+y+z=a$$

が， $x, y, z$ に関して対称な形で，第 1 象限をナナメに切っていることがわかれば，だいたいの形は見当がつく．不等式では

$$0 \leqq a-(x+y)$$

のところを考えているのである．

ここで，積分範囲で，3 角形の部分と 3/4 円の部分とで，性格が違う．はじめの方は直角座標と相性がよいし，あとは極座標がよい．つまり

$$\begin{aligned} m(D) = & \iint_{\substack{x+y \leq a \\ x, y \geq 0}} (a-(x+y))dxdy \\ & + \iint_{\substack{0 \leq \rho \leq a \\ \frac{\pi}{2} \leq \varphi \leq 2\pi}} (a-\rho(\cos\varphi+\sin\varphi))\rho d\rho d\varphi \end{aligned}$$

になる．

第 1 項は，4 面体の体積で，積分計算しなくてもわかる．計算してみても

$$\begin{aligned} \int_0^a dy \int_0^{a-y} (a-(x+y))dx &= \int_0^a \left[(a-y)^2 - \frac{1}{2}(a-y)^2\right] dy \\ &= \frac{1}{2}\int_0^a (a-y)^2 dy \\ &= \frac{1}{6}a^3 \end{aligned}$$

になる．このような計算でも，

**ディメンジョンに気をつける**

ことも，コツといえる．同じことだが

$$\iiint_{0\le x\le y\le z\le a} dxdydz = \int_0^a dz \int_0^{a-z} dy \int_0^{a-(y+z)} dx$$

といった「計算問題」もある，この場合

$$\iiint_{0\le x,y,z\le a} dV = \iiint_{x\le y\le z} dV + \iint_{x\le z\le y} dV + \iiint_{y\le x\le z} dV + \iiint_{y\le z\le x} dV + \iiint_{z\le x\le y} dV + \iiint_{z\le y\le x} dV$$

になっていることから，対称性で 1/6 がわかる．じつはこれは，立方体を 6 つの合同な部分に分解しているのであって，「積分」 するまでもない，さらに，相似拡大すれば直方体の 6 等分ができ，それを平行にゆがめたのが平行 6 面体の 6 等分で，「 4 面体の体積の公式」というのは，こうしてえられているのである．

あとの部分は

$$\begin{aligned}
&\int_{\frac{\pi}{2}}^{2\pi} d\varphi \int_0^a (a-\rho(\cos\varphi+\sin\varphi))\rho d\rho \\
&\qquad = a^3 \int_{\frac{\pi}{2}}^{2\pi} \left[\frac{1}{2} - \frac{1}{3}(\cos\varphi+\sin\varphi)\right] d\varphi \\
&\qquad = a^3 \left[\frac{3}{4}\pi + \frac{2}{3}\right]
\end{aligned}$$

になる．これは計算しなくても，たとえば

$$\int_{\frac{\pi}{2}}^{2\pi} \cos\varphi d\varphi = -\int_0^{\frac{\pi}{2}} \cos\varphi d\varphi = -1$$

といった調子でよい．

この例で，実際はほとんど「積分計算」をしていないことに注意してほしい．4 面体の体積と， sin の定積分が 1 になることで， あとはサンスーである．いつもこんなにうまくいくとかぎらないが，

**なるべく「積分計算」をしない**

ことこそ, 積分計算のコツなのである.

もう少し計算しなければならない例として

$$D : x^2 + y^2 \leqq a^2, \quad x^2 + z^2 \leqq a^2$$

をあげよう, この場合は, 対称性で

$$\begin{aligned} m(D) &= 8 \iint_{\substack{x^2+y^2 \leq a^2 \\ x,y \geq 0}} \sqrt{a^2 - x^2} dxdy \\ &= 8 \int_0^{\frac{\pi}{2}} d\varphi \int_0^a \sqrt{a^2 - \rho^2 \cos^2 \varphi} \rho d\rho \end{aligned}$$

になる. この場合も, 図を考えた方がよいが, まあ対称性に関する間隔があれば, ここまではわかるだろう. この式で $\rho d\rho$ になっているので, 平方根のなかの $\rho^2$ が気にならないということのミトオシが, まずあった方がよい ($\varphi$ からさきに積分してはダメ). それで,

$$\begin{aligned} \int_0^a \sqrt{a^2 - \rho^2 \cos^2 \varphi} \rho d\rho &= \left[ \frac{-1}{2\cos^2 \varphi} \cdot \frac{2}{3} \left( a^2 - \rho^2 \cos^2 \varphi \right)^{\frac{3}{2}} \right]_{\rho=0}^{\rho=a} \\ &= \frac{1 - \sin^3 \varphi}{3\cos^2 \varphi} a^3 \end{aligned}$$

このあとは,「3 角関数の不定積分」をしなければ, 仕方ない. つまり

$$\begin{aligned} \int \frac{1 - \sin^3 \varphi}{\cos^2 \varphi} d\varphi &= \tan \varphi + \int \frac{\cos^2 \varphi - 1}{\cos^2 \varphi} \sin \varphi d\varphi \\ &= \tan \varphi - \cos \varphi - \sec \varphi \end{aligned}$$

となる. tan や sec を使いなれてなければ, cos と sin だけでやってもよい.「3 角関数微積分公式」の復習のためにあるような積分である. ここで

$$\tan \varphi - \sec \varphi = \frac{\sin \varphi - 1}{\cos \varphi}$$

の $\varphi = \frac{\pi}{2}$ の値を考えねばならないが，たとえば

$$\lim_{\varphi \to \frac{\pi}{2}} \frac{\sin\varphi - 1}{\cos\varphi} = \lim_{\varphi \to \frac{\pi}{2}} \frac{\cos\varphi}{-\sin\varphi} = 0$$

なので

$$\int_0^{\frac{\pi}{2}} \frac{1 - \sin^3\varphi}{\cos^2\varphi} d\varphi = 2$$

になる．

これを 3 本にして

$$D : x^2 + y^2 \leqq a^2, \quad y^2 + z^2 \leqq a^2, \quad z^2 + x^2 \leqq a^2$$

にすると，

$$z^2 = a^2 - x^2, \quad z^2 = a^2 - y^2$$

の比較をしなければいけない．たとえば

$$a^2 - x^2 \leqq a^2 - y^2$$

になるのは，

$$y^2 \leqq x^2$$

の範囲なので，今度は

$$\begin{aligned}
m(D) &= 16 \iint_{\substack{x^2+y^2 \leq a^2 \\ 0 \leq y \leq x}} \sqrt{a^2 - x^2} dxdy \\
&= 16 \int_0^{\frac{\pi}{4}} d\varphi \int_0^a \sqrt{a^2 - \rho^2 \cos\varphi} \rho d\rho \\
&= \frac{16}{3} a^3 \int_0^{\frac{\pi}{4}} \frac{1 - \sin^3\varphi}{\cos^2\varphi} d\varphi \\
&= \frac{16}{3} a^3 [\tan\varphi - \cos\varphi - \sec\varphi]_0^{\frac{\pi}{4}} \\
&= 8(2 - \sqrt{2}) a^3
\end{aligned}$$

になる．この方が，$\cos\frac{\pi}{4}$ がはいるだけヤヤコシイが，$\lim(\tan\varphi - \sec\varphi)$ を計算しないでよいだけラクともいえる．この場合も，この領域の見当がついた方がよいが，不等式で判断する方が普通だろう．いずれにしても，このように

**対称性に着目する**

ことはつねに必要である．

じつは，2 本の円柱の場合は，例外的に直角座標の方が簡単になっている．それは

$$
\begin{aligned}
m(D) &= 8\int_0^a dx \int_0^{\sqrt{a^2-x^2}} \sqrt{a^2-x^2}\,dy \\
&= 8\int_0^a \left(a^2-x^2\right) dx \\
&= \frac{16}{3}a^3
\end{aligned}
$$

となる．これは被積分関数

$$z = \sqrt{a^2-x^2}$$

が $y$ を含まず，その積分範囲がまた

$$y = \sqrt{a^2-x^2}$$

になっているので，平方根が消えるのである，ここでも

**計算の見当をつける**

ことに慣れていれば，あえて直角座標を選ぶことができよう．

3 本の円柱の方は，少しだけ複雑になるが，3 角関数を使って 2

度積分するよりは，領域を分けても

$$
\begin{aligned}
m(D) &= 16\left[\int_0^{a/\sqrt{2}} dx \int_0^x \sqrt{a^2-x^2}dy + \int_{a/\sqrt{2}}^a dx \int_0^{\sqrt{a^2-x^2}} \sqrt{a^2-x^2}dy\right] \\
&= 16\left[\int_0^{a/\sqrt{2}} \sqrt{a^2-x^2}xdx + \int_{a/\sqrt{2}}^a \left(a^2-x^2\right)dx\right] \\
&= 16\left\{\left[\frac{-1}{3}\left(a^2-x^2\right)^{\frac{3}{2}}\right]_{x=0}^{a/\sqrt{2}} + \left[\left(a^2-\frac{x^2}{3}\right)x\right]_{a/\sqrt{2}}^a\right\} \\
&= 16a^3\left(\left(\frac{1}{3}-\frac{1}{6\sqrt{2}}\right)+\left(\frac{2}{3}-\frac{5}{6\sqrt{2}}\right)\right) \\
&= 8(2-\sqrt{2})a^3
\end{aligned}
$$

を好む人も多かろう．

これは

**被積分関数が 1 変数関数である**

ことから，積分が 1 度少なくなっているのである．一般的にいえば

$$
D: 0 \leqq z \leqq f(x), \quad 0 \leqq y \leqq g(x), \quad a \leqq x \leqq b
$$

について

$$
\begin{aligned}
m(D) &= \int_a^b dx \int_0^{g(x)} f(x)dy \\
&= \int_a^b f(x)g(x)dx
\end{aligned}
$$

となるのである．

## ❸ 曲線の線素

定積分計算では，面積や体積以外に，「曲線の長さ」というのもあった．これを，もう少し一般的に考察するために，曲線上での積分を考えよう．

2 次元から始める．ここで，曲線を表現するには，パラメーター $u$ とよって

$$x = x(u)$$
$$y = y(u)$$

のようにすればよい．ただし，$u$ で $\pm\infty$ のところをどうするかといった問題があったりして，これで曲線全体を表現するよりは，「曲線の部分」を表現するにすぎないとした方がよいが，まあ普通に考えれば，「時間」$u$ にしたがって点 $(x, y)$ の動いた軌跡として「曲線」がえられると考えればよい．よくある $y = f(x)$ は

$$x = u$$
$$y = f(u)$$

で，$x$ 自体がパラメーター $u$ の役を果たしていると思えばよい．ベクトル記法では

$$\begin{pmatrix} x \\ y \end{pmatrix} = \begin{pmatrix} x(u) \\ y(u) \end{pmatrix}$$

さらに

$$\boldsymbol{s} = \boldsymbol{s}(u)$$

のように書いたりもする．

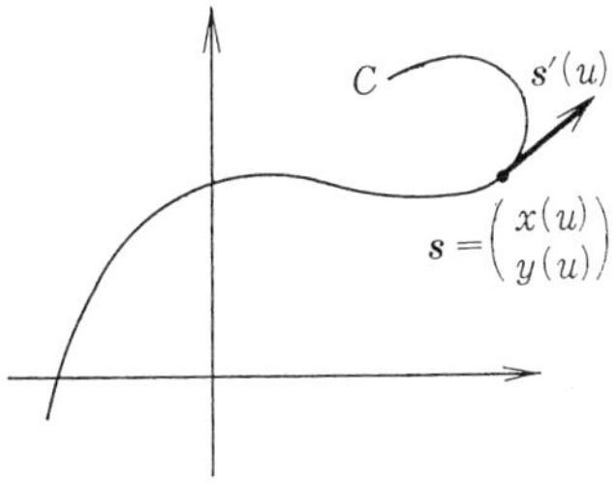

〈積分〉というのは〈微分〉したのを集めるので，これを微分すると

$$\begin{pmatrix} dx \\ dy \end{pmatrix} = \begin{pmatrix} x'(u) \\ y'(u) \end{pmatrix} du$$

ベクトル記法なら

$$d\boldsymbol{s} = \boldsymbol{s}'(u)du$$

になる．この $\boldsymbol{s}'(u)$ が接線方向の「速度ベクトル」である．

微分すると 1 次式になるわけで,「等速運動」を表わす直線の式

$$\boldsymbol{s} = \boldsymbol{a}u$$

すなわち

$$x = a_x u$$

$$y = a_y u$$

の場合を考えるとよい，この場合，長さは〈ピタゴラスの定理〉で

$$\sqrt{x^2 + y^2} = \sqrt{{a_x}^2 + {a_y}^2}u$$

で求まる，この場合，直線を有向直線と考えておけば，$u$ に正負を考えてよい．つまり

$$s = |\boldsymbol{a}|u$$

で，長さが考えられているのである．

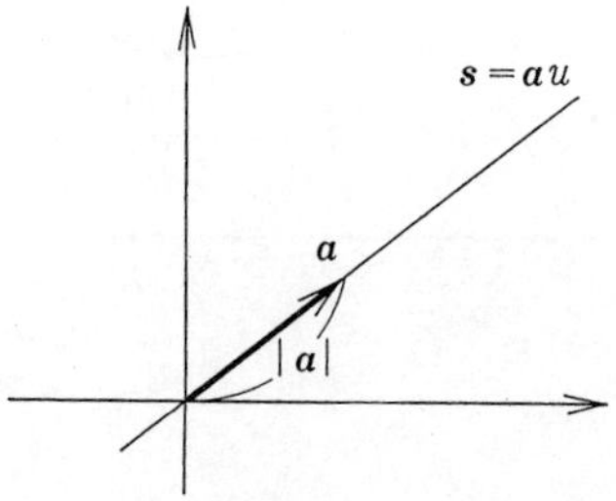

そこで，曲線 $C$ の場合

$$ds = |\boldsymbol{s}'(u)|\,du$$

を $C$ の線素という．これは

$$ds = \sqrt{\left(\frac{dx}{du}\right)^2 + \left(\frac{dy}{du}\right)^2}\,du$$

の形なので，通常

$$ds^2 = dx^2 + dy^2$$

と書いて，$(x, y)$ 平面上の線素ともいう．

曲線が

$$C : \boldsymbol{s} = \boldsymbol{s}(u), \quad a \leqq u \leqq b$$

のとき，この曲線上に密度

$$f(\boldsymbol{s}) = f(x(u), y(u))$$

があったとする．たとえば，ブタのしっぽ $C$ 上にノミがいて，そのノミロ密度が $f$ であったとする．このとき

$$\int_C f(\boldsymbol{s})ds = \int_a^b f(x(u), y(u))\sqrt{\left(\frac{dx}{du}\right)^2 + \left(\frac{dy}{du}\right)^2}\,du$$

によって，C 上の $ds$ による $f$ の積分がえられる．これを曲線積分という．

そうすると，曲線の長さというのは

$$m(C) = \int_C ds = \int_a^b \sqrt{\left(\frac{dx}{du}\right)^2 + \left(\frac{dy}{du}\right)^2}\,du$$

と定義すればよいことになる．これも，座標のとり方に無関係である．なお

$$\frac{d\boldsymbol{s}}{dv} = \frac{d\boldsymbol{s}}{du} \cdot \frac{du}{dv}$$

のようになるから，曲線積分は $C$ 上のパラメーターのとり方にも無関係である．

ここでは，単積分も，普通の区間上の積分でなくて，2 次元平面内の曲線上で考えることができることになったわけである．よくある公式は

$$C : y = f(x), \quad a \leqq x \leqq b$$

について

$$ds^2 = dx^2 + dy^2 = \left(1 + (f'(x))^2\right) dx^2$$

で

$$m(C) = \int_C ds = \int_a^b \sqrt{1 + (f'(x))^2} dx$$

となっているのである．

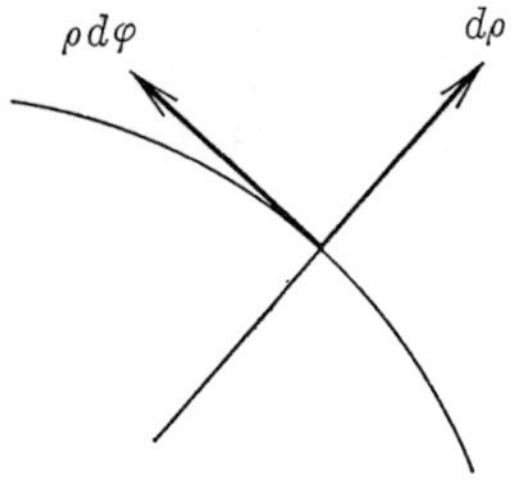


極座標では

$$dx = \cos\varphi d\rho - \rho \sin\varphi d\varphi$$

$$dy = \sin\varphi d\rho + \rho \cos\varphi d\varphi$$

だから

$$dx^2 + dy^2 = d\rho^2 + \rho^2 d\varphi^2$$

になっている．これは，円で接線 $\rho d\varphi$ と法線 $d\rho$ との直交から「ピタゴラス」と考えてもよい．直接計算するなら

$$
\begin{aligned}
&(\cos\varphi d\rho - \rho\sin\varphi d\varphi)^2 + \left(\sin^2\varphi d\rho + \rho\cos\varphi d\varphi\right)^2 \\
&= \cos^2\varphi d\rho^2 - 2\rho\cos\varphi\sin\varphi d\rho d\varphi + \rho^2\sin^2\varphi d\varphi^2 \\
&\quad + \sin^2\varphi d\rho^2 + 2\rho\cos\varphi\sin\varphi d\rho d\varphi + \rho^2\cos^2\varphi d\varphi^2 \\
&= d\rho^2 + \rho^2 d\varphi^2
\end{aligned}
$$

となる．もっともこれは

$$
\begin{pmatrix} dx \\ dy \end{pmatrix} = \begin{pmatrix} \cos\varphi & -\sin\varphi \\ \sin\varphi & \cos\varphi \end{pmatrix} \begin{pmatrix} d\rho \\ \rho d\varphi \end{pmatrix}
$$

で，回転は直交行列だから長さを変えない，ということでわかる．接線と法線の図ですますのは，じつはこのことなのである．

それで，曲線が

$$
C : \rho = f(\varphi), \quad \alpha \leqq \varphi \leqq \beta
$$

のときなら，

$$
ds^2 = d\rho^2 + \rho^2 d\varphi^2 = \left((f'(\varphi))^2 + (f(\varphi))^2\right) d\varphi^2
$$

となるので

$$
m(C) = \int_\alpha^\beta \sqrt{(f'(\varphi))^2 + (f(\varphi))^2}\, d\varphi
$$

となる，ここでも，公式をゴチャゴチャ覚えるより，線素 $ds$ を集めるということで考えた方がよい．

3 次元でも同じことで，

$$
\begin{aligned}
ds^2 &= dx^2 + dy^2 + dz^2 \\
&= d\rho^2 + \rho^2 d\varphi^2 + dz^2 \\
&= dr^2 + r^2 d\theta^2 + r^2\sin^2\theta d\varphi^2
\end{aligned}
$$

となる．

ただし，ここで線積分や曲線の長さについて，接線の存在する場合に考えた．それは，いわば外接折れ線で近似したといえる． 曲線の場合は，接線がなくても，内接折れ線の近似でやることもできる．つまり，$C$ を $\boldsymbol{s}_1, \boldsymbol{s}_1, \cdots\cdots, \boldsymbol{s}_n$ に分割して，弧 $\widehat{\boldsymbol{s}_{i-1}, \boldsymbol{s}_i}$ 上に $\sigma_i$ をとって

$$\int_C f(\boldsymbol{s})ds = \lim \sum f(\sigma_i) |\boldsymbol{s}_i - \boldsymbol{s}_{i-1}|$$

とするのである．とくに

$$m(C) = \lim \sum |\boldsymbol{s}_i - \boldsymbol{s}_{i-1}|$$

の存在するとき，曲線の長さが考えられる．

接線のあるときは，この 2 つの定義は一致する． そのことは，線分 $\overline{\boldsymbol{s}_{i-1}, \boldsymbol{s}_n}$ は極限において，接線になっていることによっている．

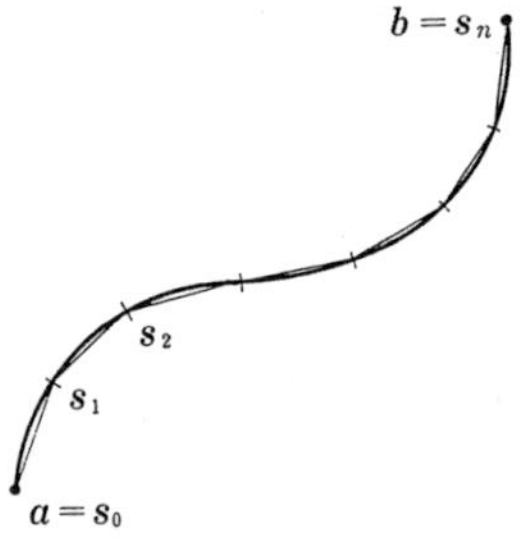


このようなことは，1 次元の曲線の持つ特殊性であって，あとで考える曲面の場合はそうはいかない．「曲面積論」は特殊な議論があるが，普通は外接折れ面での近似で考えていく．それでも， 曲線の場合には，伝統的に内接折れ線近似で考えることになっている．しかし実際には，ナメラカな曲線（接線を持つ場合）だけで充分だろう．その方が，曲面積分のときとの一貫性もある．

なお，前に

$$\lim_{\varphi \to 0} \frac{\sin\varphi}{\varphi} = 1$$

に面積を使うのは好ましくないといったが，長さを使うやり方もある．この方が，「円周率の定義」が「円周と直径の比」なので，スジは通っている．しかし，よく考えてみると，「円周の長さ」の概念自体に問題はある．小学校のとき，円にヒモを巻いて，それをノバシテ測ったろうが，ノバスときは文字どおりヒモの方もノビルのである．そして，ノビナイものを使えば，これはマッスグにならない．それで，ここでは折れ線近似と考えねば仕方がない．ところが，折れ線近似ができるとは，曲線上の点 A と B を 近づけたときの

$$\lim \frac{\overline{\mathrm{AB}}}{\overset{\frown}{\mathrm{AB}}} = 1$$

である．そして，これはさきの極限の式そのものである．

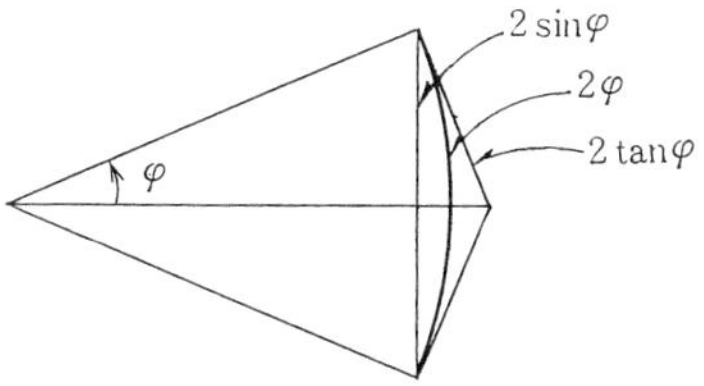


まあ，線積分とは曲線上の $ds$ による積分，そして

$$ds^2 = dx^2 + dy^2$$

というのを基礎にしておけば，たいていは間に合うし，この $ds$ を積分したものが「長さ」である，という段階でよいだろう．

なお，「線積分」というと

$$\int_C f dx + g dy = \int_a^b \left( f \frac{dx}{du} + g \frac{dy}{du} \right) du$$

のような，「微分式の積分」を「ベクトル解析」で扱う．この場合は，$d\boldsymbol{s}$ の 1 次式であることで，扱いやすい側面もあるのだが，ここでは「ベクトル解析」には触れない．

## ❹ 曲面上の線素と面素

曲面を表わすには，パラメーターを 2 つにすればよい．すなわち

$$x = x(u, v)$$

$$y = y(u, v)$$

$$z = z(u, v)$$

ベクトル記法なら

$$\boldsymbol{s} = \boldsymbol{s}(u, v)$$

である．この場合も微分すれば

$$dx = \frac{\partial x}{\partial u} du + \frac{\partial x}{\partial v} dv$$
$$dy = \frac{\partial y}{\partial u} du + \frac{\partial y}{\partial v} dv$$
$$dz = \frac{\partial z}{\partial u} du + \frac{\partial z}{\partial v} dv$$

すなわち

$$d\boldsymbol{s} = \frac{\partial \boldsymbol{s}}{\partial u} du + \frac{d\boldsymbol{s}}{\partial v} dv$$

になっている．これは接平面を表わす．

この場合も，1 次式の場合を基礎にして考えればよい．それは

$$x = a_x u + b_x v$$

$$y = a_y u + b_y v$$

$$z = a_z u + b_z v$$

すなわち

$$\boldsymbol{s} = \boldsymbol{a}u + \boldsymbol{b}v$$

である．このとき

$$\begin{aligned} s^2 &= x^2 + y^2 + z^2 \\ &= \boldsymbol{a}^2 u^2 + 2\boldsymbol{a} \cdot \boldsymbol{b} uv + \boldsymbol{b}^2 v^2 \end{aligned}$$

になる．ただし

$$\boldsymbol{a}^2 = {a_x}^2 + {a_y}^2 + {a_z}^2,$$

$$\boldsymbol{a} \cdot \boldsymbol{b} = a_x \cdot b_x + a_y \cdot b_y + a_z \cdot b_z$$

のような内積である．

そこで

$$\begin{aligned} ds^2 &= dx^2 + dy^2 + dz^2 \\ &= \left(\frac{\partial \boldsymbol{s}}{\partial u}\right)^2 du^2 + 2\left(\frac{\partial \boldsymbol{s}}{\partial u} \cdot \frac{\partial \boldsymbol{s}}{\partial v}\right) du dv + \left(\frac{\partial \boldsymbol{s}}{\partial v}\right)^2 dv^2 \end{aligned}$$

になる．これが曲面上の線素である．

円柱面や球面上では，さきに円柱座標や極座標で 3 次元の線素を計算しておいたから，それですむ． 円柱面

$$\rho = a$$

上では

$$ds^2 = a^2 d\varphi^2 + dz^2$$

になる．これは，円柱を展開してみれば $d\varphi$ と $z$ を直角座標にした平面になるから，当然である．円柱面上の曲線

$$C : z = f(\varphi), \quad \alpha \leqq \varphi \leqq \beta$$

の長さは，

$$m(C) = \int_\alpha^\beta \sqrt{a^2 + (f'(\varphi))^2} d\varphi$$

になるわけである.

球面の場合は展開できないが，同じく

$$r = a$$

上で, 線素

$$ds^2 = a^2 d\theta^2 + a^2 \sin^2 \theta d\varphi^2$$

が考えられる．それで，曲線

$$C : \varphi = f(\theta), \quad \alpha \leqq \theta \leqq \beta$$

なら

$$m(C) = a \int_\alpha^\beta \sqrt{1 + (f'(\theta) \sin \theta)^2} d\theta$$

のようにして長さが計算できる．いずれにしても， $ds^2$ を考えさえすればよいのである.

むしろ, 曲面で問題なのは面積である．1 次の場合でいえば, ベクトル積

$$\boldsymbol{a} \times \boldsymbol{b} = \begin{pmatrix} \begin{vmatrix} a_y & b_y \\ a_z & b_z \end{vmatrix} \\ \begin{vmatrix} a_z & b_z \\ a_x & b_x \end{vmatrix} \\ \begin{vmatrix} a_x & b_x \\ a_y & b_y \end{vmatrix} \end{pmatrix}$$

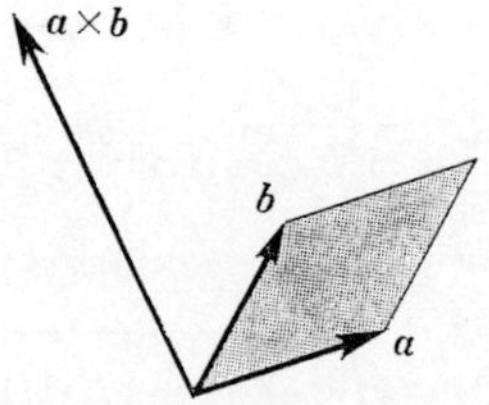

が問題になる．ここで

$$
\begin{aligned}
(\boldsymbol{a}\times\boldsymbol{b})^2 &= \begin{vmatrix} a_y & b_y \\ a_z & b_z \end{vmatrix}^2 + \begin{vmatrix} a_z & b_z \\ a_x & b_x \end{vmatrix}^2 + \begin{vmatrix} a_x & b_x \\ a_y & b_y \end{vmatrix}^2 \\
&= \left({a_x}^2+{a_y}^2+{a_z}^2\right)\left({b_x}^2+{b_y}^2+{b_z}^2\right) \\
&\quad -(a_x b_x + a_y b_y + a_z b_z)^2 \\
&= \boldsymbol{a}^2\cdot\boldsymbol{b}^2 - (\boldsymbol{a}\cdot\boldsymbol{b})^2 \\
&= \boldsymbol{a}^2\boldsymbol{b}^2\sin^2\widehat{\boldsymbol{a}\boldsymbol{b}}
\end{aligned}
$$

は平行 4 辺形の面積になっていて，$\boldsymbol{a}\times\boldsymbol{b}$ はこの平行 4 辺形に直角である．

それで，曲面の場合は法線ベクトルとして

$$
d\boldsymbol{S} = \begin{pmatrix} \dfrac{\partial(y,z)}{\partial(u,v)} \\ \dfrac{\partial(z,x)}{\partial(u,v)} \\ \dfrac{\partial(x,y)}{\partial(u,v)} \end{pmatrix} dudv
$$

が考えられる．そして

$$
dS = \left|\frac{\partial\boldsymbol{s}}{\partial u}\times\frac{\partial\boldsymbol{s}}{\partial v}\right| dudv
$$

として，この曲面上の面素が考えられる．

$$
\begin{aligned}
dS^2 &= \left[\left(\frac{\partial(y,z)}{\partial(u,v)}\right)^2 + \left(\frac{\partial(z,x)}{\partial(u,v)}\right)^2 + \left(\frac{\partial(x,y)}{\partial(u,v)}\right)^2\right](dudv)^2 \\
&= \left[\left(\left(\frac{\partial x}{\partial u}\right)^2 + \left(\frac{\partial y}{\partial u}\right)^2 + \left(\frac{\partial z}{\partial u}\right)^2\right)\left(\left(\frac{\partial x}{\partial v}\right)^2 + \left(\frac{\partial y}{\partial v}\right)^2 + \left(\frac{\partial z}{\partial v}\right)^2\right)\right. \\
&\quad \left. -\left(\frac{\partial x}{\partial u}\frac{\partial x}{\partial v} + \frac{\partial y}{\partial u}\frac{\partial y}{\partial v} + \frac{\partial z}{\partial u}\frac{\partial z}{\partial v}\right)^2\right](dudv)^2
\end{aligned}
$$

となるわけである．これも，3 次元空間での面素

$$
dS^2 = (dydz)^2 + (dzdx)^2 + (dxdy)^2
$$

を基礎にして考えればよい．これは，3 つの座標平面での面素の〈2 乗の和〉という，〈面積に関するピタゴラスの定理〉にほかならない．

例によって，円柱座標や極座標の場合も考えておこう．この場合も，座標平面を考えればいいわけで

$$\begin{aligned} dS^2 &= \rho^2(d\varphi dz)^2 + (dzd\rho)^2 + \rho^2(d\rho d\varphi)^2 \\ &= r^4\sin^2\theta(d\theta d\varphi)^2 + r^2\sin^2\theta(d\varphi dr)^2 + r^2(drd\theta)^2 \end{aligned}$$

になる．それで，円柱

$$\rho = a$$

上の面素は

$$dS = ad\varphi dz$$

という当然の結果がえられるし，球面

$$r = a$$

上では，これも地図を考えれば当然の

$$dS = a^2\sin\theta d\theta d\varphi$$

が面素である．

## ❺ 曲面積

曲面

$$D : \boldsymbol{s} = \boldsymbol{s}(u, v), \quad (u, v) \in C$$

上で, 密度 $f(\boldsymbol{s})$ があれば, 曲面積分

$$\iint_D f(\boldsymbol{s})dS = \iint_C f(\boldsymbol{s}(u, v))\left|\frac{\partial \boldsymbol{s}}{\partial u} \times \frac{\partial \boldsymbol{s}}{\partial v}\right|dudv$$

が考えられる．曲面積の方は

$$m(D)=\iint_D dS$$

を定義とすればよい．

曲面積の方は，曲線の長さと違って，内接折れ面近似はしない．その理由は，曲線の場合は曲線上の 2 点を通る直線の極限が接線になったが，曲面については，3 点を通る平面の極限が接平面とはならないからである．たとえば円柱面で，2 点を水平にとりもう 1 点をその近くにとれば，これは接平面どころか，それに垂直に近い．3 点が水平なら，本当に直交する．このように，ギザギザに近似すれば，接平面で近似した円柱の表面積（平面に展開したときの面積）とは，まるで違うことになる．そして，曲面は曲線と違ってマッスグにのばせる（展開できる）とかぎらないので，どうせ積分で考えねばならないのであって，それも外接近似でなければならないのだから，さきの定義が自然なことになる．そう考えると，曲線の長さの定義だって，さきの外接折れ線近似でよかろうというものである．

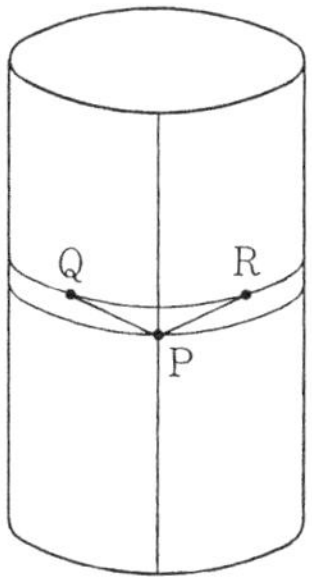


普通よく，「曲面積の公式」として，直角座標の

$$D: z=f(x,y), \quad (x,y)\in C$$

のときのが書いてある．この場合は

$$dz = \frac{\partial f}{\partial x}dx + \frac{\partial f}{\partial y}dy$$

なので

$$dS^2 = \left(1 + \left(\frac{\partial f}{\partial x}\right)^2 + \left(\frac{\partial f}{\partial y}\right)^2\right)(dxdy)^2$$

となるので,

$$m(D) = \iint_C \sqrt{1 + \left(\frac{\partial f}{\partial x}\right)^2 + \left(\frac{\partial f}{\partial y}\right)^2} dxdy$$

となるのである．じつは，この「公式」は案外に使いてがなくて，球面なら球面上の面素，円柱面なら円柱面上の面素というように考えた方が，たいていは簡単である．

前からある「公式」としては, 回転面

$$D : \rho = f(z), \quad a \leqq z \leqq b$$

の場合がある．これは，$\varphi$ を固定しておいて

$$C : \rho = f(z), \quad a \leqq z \leqq b, \quad \varphi = 0$$

とでもしたとき

$$\begin{aligned} m(D) &= \int_C ds \int_0^{2\pi} f(z) d\varphi \\ &= 2\pi \int_C f(z) ds \\ &= 2\pi \int_a^b f(z) \sqrt{1 + (f'(z))^2} dz \end{aligned}$$

となっているのである．

球の表面積は

$$\int_0^{2\pi} d\varphi \int_0^{\pi} a^2 \sin\theta d\theta = 4\pi a^2$$

でえられる．これは前の球の体積と比べて，$r$ についての積分だけ少ない．球の体積の方は

$$\int_0^a 4\pi r^2 dr = \frac{4}{3}\pi a^3$$

になるわけで，表面積から出すと考える方が普通である．実際に歴史的にも，球の表面積を出したのはアルキメデスで，それから錐体にわけて

$$\frac{1}{3} \times a \times 4\pi a^2 = \frac{4}{3}\pi a^3$$

として出したのである．表面積の古典的な求め方は，外接円柱の側面積 $4\pi a^2$ と等しいことをいう．断面図を書くと，円柱面の方は $2\pi a \cdot dz$ だが，球面の方は

$$2\pi a \sin\theta \cdot a d\theta$$

で，ここで

$$dz = a \sin\theta d\theta$$

になっている．

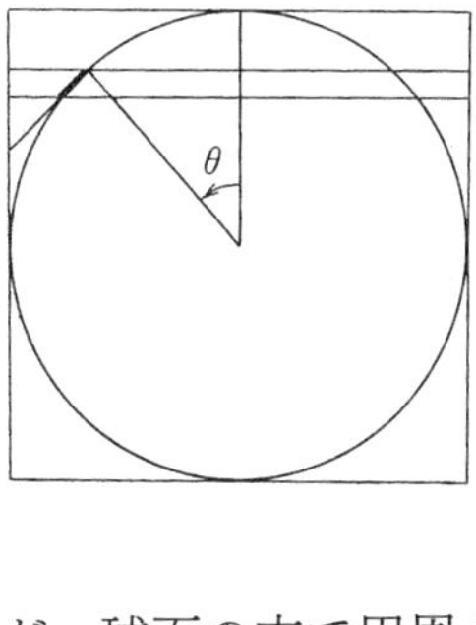


つまり両方とも帯状だが，球面の方で円周が $\sin\theta$ がかかって短かくなったのと，円柱面の方でナナメとマッスグで 幅が短かくなっているのとが，相似 3 角形の関係から同じ比で，消しあっているのである．

球面上の小円，たとえば

$$D : r = \alpha, \quad 0 \leqq \theta \leqq \alpha$$

だと

$$\begin{aligned} m(D) &= a^2 \int_0^{\alpha} \sin\theta d\theta \int_0^{2\pi} d\varphi \\ &= 2\pi a^2(1 - \cos\alpha) \end{aligned}$$

である．

前の例題をやると，

$$D : x^2 + y^2 = a^2, \quad 0 \leqq z \leqq a - (x + y)$$

のときなら

$$\begin{aligned} m(D) &= a^2 \int_{\frac{\pi}{2}}^{2\pi} (1 - (\cos\varphi + \sin\varphi))d\varphi \\ &= \left(2 + \frac{3}{2}\pi\right) a^2 \end{aligned}$$

$$D : x^2 + y^2 = a^2, \quad z^2 + x^2 \leqq a^2$$

なら

$$\begin{aligned} m(D) &= 8a^2 \int_0^{\frac{\pi}{2}} \sqrt{1 - \cos^2\varphi} d\varphi \\ &= 8a^2 \end{aligned}$$

になる．この場合は，体積と違って，極座標の方が断然有利になる．もともと円柱面は展開できるのだから，展開した平面上の面積を考えているのと同じことなのである．このように，とくに曲面積の場合は

**その曲面上の適切な座標で考える**

のが計算のコツである．

## ❻ マトメ

これで，3 次元空間の範囲だが，その中の曲線や曲面のような

**多様体領域上での測度（線素や面素）による積分**

が考えられたわけである．計算もさることながら，〈積分〉概念をこのような視野で把握しておくことが，基本である．あとは「公式」なんて，ほとんどいらない．3 次元でいえば

$$ds^2 = dx^2 + dy^2 + dz^2$$

$$dS^2 = (dydz)^2 + (dzdx)^2 + (dxdy)^2$$

$$dV = dxdydz$$

という当然の式（〈ピタゴラスの定理〉!）と

$$\begin{pmatrix} dx \\ dy \end{pmatrix} = \begin{pmatrix} \cos\varphi & -\sin\varphi \\ \sin\varphi & \cos\varphi \end{pmatrix} \begin{pmatrix} d\rho \\ \rho d\varphi \end{pmatrix}$$

のような回転で，$(dx, dy)$ を $(d\rho, \rho d\varphi)$ に変えたりすればよい．それと，一般の変数変換として

$$dxdy = \frac{\partial(x, y)}{\partial(u, v)} dudv$$

のようになることぐらいである．そして，実際上の計算の運用で，いくつかのコツを心得さえすれば，それでオシマイ．

# 解 析 公 式 集

## 微 分 法

**1.** $f=f(x)$ について，$f'=\dfrac{df}{dx}, f^{(n)}=\dfrac{d^n f}{dx^n}$ とおく．

$(f+g)'=f'+g'$, $(cf)'=cf'$ ($c$ は定数), $(fg)'=f'g+fg'$, $\left(\dfrac{f}{g}\right)'=\dfrac{f'g-fg'}{g^2}$ $(f+g)^{(n)}=f^{(n)}+g^{(n)}, (cf)^{(n)}=cf^{(n)}$ ($c$ は定数)

$$(fg)^{(n)}=\sum_{r=0}^{n} {}_n\mathrm{C}_r f^{(n-r)}g^{(r)}$$
$$=f^{(n)}g+{}_n\mathrm{C}_1 f^{(n-1)}g'+{}_n\mathrm{C}_2 f^{(n-2)}g''+\cdots+fg^{(n)}$$

（ライプニッツの公式）

**2.** $z$ が $y$ の関数，$y$ が $x$ の関数のとき，$\dfrac{dz}{dx}=\dfrac{dz}{dy}\dfrac{dy}{dx}$

$u$ が $z$ の関数, $z$ が $y$ の関数, $y$ が $x$ の関数のとき，$\dfrac{du}{dx}=\dfrac{du}{dz}\dfrac{dz}{dy}\dfrac{dy}{dx}$

$y$ が $x$ の関数，逆に $x$ が $y$ の関数になっているとき，$\dfrac{dy}{dx}\dfrac{dx}{dy}=1$

$x, y$ が $t$ の関数で，$t$ が $x$ の関数になっているとき，$\dfrac{dy}{dx}=\dfrac{dy}{dt}\Big/\dfrac{dx}{dt}$

**3.** $a$ が実数のとき，

$(x^a)'=ax^{a-1}$

$(e^{ax})=ae^{ax}$, $(a^x)'=a^x\log a$, $(\log|x|)'=\dfrac{1}{x}$

$(\sin x)'=\cos x$, $(\cos x)'=-\sin x$, $(\tan x)'=\sec^2 x$

$(\cosh x)'=\sinh x$, $(\sinh x)'=\cosh x$

$(\sin^{-1} x)'=\dfrac{1}{\sqrt{1-x^2}}$, $(\cos^{-1} x)'=-\dfrac{1}{\sqrt{1-x^2}}$, $(\tan^{-1} x)'=\dfrac{1}{1+x^2}$

$e^{ix} = \cos x + i \sin x$ について，　$\left(e^{ix}\right)' = ie^{ix}$
さらに一般に，$\lambda$ が複素数の定数のとき，$\left(e^{\lambda x}\right)' = \lambda e^{\lambda x}$

**4.** $f(x)$ が $n$ 回微分できるとき，$0 < \theta < 1$ として，

$$f(a+h) = f(a) + f'(a)h + \tfrac{1}{2!}f''(a)h^2 + \cdots + \tfrac{1}{(n-1)!}f^{(n-1)}(a)h^{n-1} + \tfrac{1}{n!}f^{(n)}(a+\theta h)h^n$$

（テーラー展開）

$$f(x) = f(0) + f'(0)x + \frac{1}{2!}f''(0)x^2 + \cdots + \frac{1}{(n-1)!}f^{(n-1)}(0)x^{n-1} + \frac{1}{n!}f^{(n)}(\theta x)x^n$$

（マクローリン展開）

---

**微積分の線形性**

$(f+g)' = f' + g', (cf)' = cf'$ （$c$ は定数）は微分法の線形性を示している．積分法についても同様で，そのため，微積分の計算では積より和の方が扱いやすく，「分数を部分分数の和に直す」ことや「三角関数の積を和に直す」ことが行われる．後者で使われる公式としては，次のようなものがある．

$$\sin\alpha\cos\beta = \frac{1}{2}(\sin(\alpha+\beta) + \sin(\alpha-\beta)) \quad \sin^2\alpha = \frac{1}{2}(1-\cos 2\alpha)$$
$$\sin^3\alpha = \frac{1}{4}(3\sin\alpha - \sin 3\alpha) \quad \cos\alpha\cos\beta = \frac{1}{2}(\cos(\alpha+\beta) + \cos(\alpha-\beta))$$
$$\cos^2\alpha = \frac{1}{2}(1+\cos 2\alpha) \quad \cos^3\alpha = \frac{1}{4}(3\cos\alpha + \cos 3\alpha)$$
$$\sin\alpha\sin\beta = \frac{1}{2}(\cos(\alpha-\beta) - \cos(\alpha+\beta))$$

---

**5.** $z = f(x,y)$ について，$\dfrac{\partial z}{\partial x}$ を $z_x, f_x$，また $\dfrac{\partial^2 z}{\partial y \partial x}$ などを $z_{xy}, f_{xy}$ のようにかく．$f_{xy}, f_{yx}$ が連続のとき，　$f_{xy} = f_{yz}$

$u=f(y_1,y_2,\cdots,y_k)$ の偏導関数が連続，$y_i=\varphi_i(x)(i=1,2,\cdots,k)$ が微分可能のとき，

$$\frac{du}{dx}=\sum_{i=1}^{k}\frac{\partial u}{\partial y_i}\frac{dy_i}{dx}=\frac{\partial u}{\partial y_1}\frac{dy_1}{dx}+\frac{\partial u}{\partial y_2}\frac{dy_2}{dx}+\cdots\cdots+\frac{\partial u}{\partial y_k}\frac{dy_k}{dx}$$

変数の個数が増えても同様である．(6,7 についても同じ)

**6.** $x,y$ が $u,v$ の関数のとき，

$$\frac{\partial(x,y)}{\partial(u,v)}=\begin{vmatrix} x_u & x_v \\ y_u & y_v \end{vmatrix}$$ (関数行列式の定義)

これについて，$x,y$ が $u,v$ の関数，$u,v$ が $p,q$ の関数のとき

$$\frac{\partial(x,y)}{\partial(p,q)}=\frac{\partial(x,y)}{\partial(u,v)}\frac{\partial(u,v)}{\partial(p,q)}$$

$x,y$ が $u,v$ の関数, 逆に $u,v$ が $x,y$ の関数のとき, $\dfrac{\partial(x,y)}{\partial(u,v)}\dfrac{\partial(u,v)}{\partial(x,y)}=1$

**7.** $f(x,y)$ が何回も偏微分できるとき，

$$\begin{aligned}f(a+h,b+k)&=f(a,b)+(f_x(a,b)h+f_y(a,b)k)\\&\quad+\frac{1}{2}\left(f_{xx}(a,b)h^2+2f_{xy}(a,b)hk+f_{yy}(a,b)k^2\right)+\cdots\cdots\end{aligned}$$

## 積　分　法

**1.** $f=f(x),g=g(x)$ のとき，

$\displaystyle\int(f+g)dx=\int fdx+\int gdx,\int cfdx=c\int fdx$ （$c$ は定数）

$\displaystyle\int f'gdx=fg-\int fg'dx$ （部分積分法）

$x=g(t)$ のとき，$\displaystyle\int f(t)dx=\int f(g(t))g'(t)dt$ （置換積分法）

$\displaystyle\int f(x)dx=F(x)$ のとき，$\displaystyle\int f(ax)dx=\frac{1}{a}F(ax)$ $(a\neq 0)$

**2.** $\displaystyle\int x^a dx = \frac{x^{a+1}}{a+1}(a \neq -1), \int \frac{dx}{x} = \log|x|$ （以下積分定数は省略）

$a \neq 0$ のとき，$\displaystyle\int e^{ax}dx = \frac{1}{a}e^{ax}, \int \frac{dx}{a^2+x^2} = \frac{1}{a}\tan^{-1}\frac{x}{a}$

$$\int \sin ax dx = -\frac{1}{a}\cos ax, \quad \int \cos ax dx = \frac{1}{a}\sin ax$$

$$\int \tan x dx = -\log|\cos x|, \quad \int \cot x dx = \log|\sin x|$$

$$\int \operatorname{cosec} x dx = \log\left|\tan\frac{x}{2}\right|, \quad \int \sec x dx = \log\left|\tan\left(\frac{x}{2}+\frac{\pi}{4}\right)\right|$$

$$\int \frac{dx}{\sqrt{a^2-x^2}} = \sin^{-1}\frac{x}{a}, \quad \int \sqrt{a^2-x^2}dx = \frac{1}{2}\left(x\sqrt{a^2-x^2}+a^2\sin^{-1}\frac{x}{a}\right) \quad (a>0)$$

$$\int \frac{dx}{\sqrt{x^2+a}} = \log\left|x+\sqrt{x^2+a}\right|, \quad \int \sqrt{x^2+a}dx = \frac{1}{2}\left(x\sqrt{x^2+a}+a\log\left|x+\sqrt{x^2+a}\right|\right)$$

$a^2+b^2 \neq 0$ のとき，$\displaystyle\int e^{ax}\cos bx dx = \frac{e^{ax}}{a^2+b^2}(a\cos bx + b\sin bx)$

$$\int e^{ax}\sin bx dx = \frac{e^{ax}}{a^2+b^2}(a\sin bx - b\cos bx)$$

$\displaystyle I_n = \int \frac{dx}{(x^2+d^2)^n}(a \neq 0)$ のとき，$\displaystyle I_n = \frac{1}{a^2}\left(\frac{1}{2n-2}\frac{x}{(x^2+a^2)^{n-1}} + \frac{2n-3}{2n-2}I_{n-1}\right)$

**3.** $n$ が自然数のとき，$\displaystyle\int_0^\infty e^{-x}x^n dx = n\,!$

$a>0$ のとき，

$$\int_0^\infty e^{-ax}\cos bx dx = \frac{a}{a^2+b^2}, \quad \int_0^\infty e^{-ax}\sin bx dx = \frac{b}{a^2+b^2}$$

一般に，

$$\int_0^\pi f(\sin x)dx = 2\int_0^{\frac{\pi}{2}} f(\sin x)dx, \quad \int_0^{\frac{\pi}{2}} f(\sin x)dx = \int_0^{\frac{\pi}{2}} f(\cos x)dx$$

$n$ が自然数のとき，

$$\int_0^{\frac{\pi}{2}} \sin^{2n} x dx = \int_0^{\frac{\pi}{2}} \cos^{2n} x dx = \frac{2n-1}{2n} \cdot \frac{2n-3}{2n-2} \cdot \frac{2n-5}{2n-4} \cdots \frac{1}{2} \cdot \frac{\pi}{2}$$

$$\int_0^{\frac{\pi}{2}} \sin^{2n+1} x dx = \int_0^{\frac{\pi}{2}} \cos^{2n+1} x dx = \frac{2n}{2n-1} \cdot \frac{2n-2}{2n-1} \cdot \frac{2n-4}{2n-3} \cdots \frac{2}{3}$$

$$\int_0^{\infty} e^{-x^2} dx = \frac{\sqrt{\pi}}{2}, \int_{-\infty}^{\infty} \frac{1}{\sqrt{2\pi}\sigma} \exp\left(\frac{-(x-m)^2}{2\sigma^2}\right) dx = 1 \left(\begin{array}{c} \sigma > 0 \\ \text{確率積分} \end{array}\right)$$

**4.** $x=\varphi(u,v)$ ,$y=\psi(u,v)$ による写像 $(u,v) \to (x,y)$ によって，領域 $K$ が領域 $D$ の上へ 1 対 1 に移され，かつ，$J = \dfrac{\partial(x,y)}{\partial(u,v)} > 0$ のとき，

$$\iint_D f(x,y) dx dy = \iint_K f(\varphi, \phi) J du dv$$

とくに，直角座標 $(x,y)$ から極座標への変換では，$dxdy = rdrd\theta$
3 次元以上でも同様の公式が成り立つ．
とくに，直角座標 $(x,y,z)$ から極座標 $(r,\theta,\varphi)$ への変換では

$$dxdydz = r^2 \sin\theta dr d\theta d\varphi$$

**5.** 2 つの曲線 $y = f(x), y = g(x) (f(x) \geqq g(x))$ と $x = a, x = b (a < b)$ で囲まれた部分の面積は，

$$S = \int_a^b (f(x) - g(x)) dx$$

曲線の弧 $y = f(x) (a \leqq x \leqq b)$ の長さは，　$L = \int_a^b \sqrt{1 + f'(x)^2} dx$
これを $x$ 軸のまわりに 1 回転してできる曲面積は $S = \int_a^b 2\pi f(x) \sqrt{1 + f'(x)^2} dx$

**6.** $t$ を媒介変数とする曲線 $x = x(t), y = y(t) (a \leqq t \leqq b)$ の弧の長

さは,

$$L = \int_a^b \sqrt{\left(\frac{dx}{dt}\right)^2 + \left(\frac{dy}{dt}\right)^2}\, dt$$

この曲線が領域 $D$ の周を正の向きに 1 周するときは, $D$ の面積は

$$S = \frac{1}{2}\int_a^b (xdy - ydx)$$

**7.** 2 つの曲面 $z = f(x, y), z = g(x, y) (f(x, y) \geqq g(x, y))$ の間にあって, $xy$ 平面上の領域 $D$ の上にある部分の体積は,

$$V = \iint_D (f(x, y) - g(x, y))dxdy$$

曲面 $z = f(x, y)$ で, $xy$ 平面上の領域 $D$ の上方にある部分の面積は,

$$S = \iint_D \sqrt{1 + \left(\frac{\partial z}{\partial x}\right)^2 + \left(\frac{\partial z}{\partial y}\right)^2}\, dxdy$$

## 無限級数

**1.** $\displaystyle\sum_{n=1}^{\infty} a_n$ を $\sum a_n$ と略記する. $A = \sum a_n, B = \sum b_n$ のとき

$\sum (a_n + b_n) = A + B$, $\sum ca_n = cA$

**2.** $\sum a_n$ が収束するとき, $\sum |a_n|$ も収束 (絶対収束)

$A = \sum a_n, B = \sum b_n$ が収束のとき, $c_n = \displaystyle\sum_{i=1}^{n} a_i b_{n+1-i}$ とおくと

$\sum c_n = AB$

**3.** 正項級数 $\sum a_n = A$ において, $r = \displaystyle\lim_{n\to\infty} \frac{a_{n+1}}{a_n}$, または $r = \displaystyle\lim_{n\to\infty} (a_n)^{\frac{1}{n}}$ とすると, $r < 1$ ならば収束, $r > 1$ ならば発散

$\dfrac{a_{n+1}}{a_n} = 1 - \dfrac{p}{n} + O\left(\dfrac{1}{n^2}\right)$ のとき，$p > 1$ ならば収束，$p \leqq 1$ ならば発散

**4.** $a_1 \geqq a_2 \geqq a_3 \geqq \cdots \geqq 0$, $\quad \lim_{n\to\infty} a_n = 0$ のとき，$\sum(-1)^{n-1}a_n$ は収束

**5.** $f(x) = \sum_{n=0}^{\infty} a_n x^n$ の収束半径を $r$ すると，$r = \lim_{n\to\infty}\left|\dfrac{a_n}{a_{n+1}}\right|, r = \lim_{n\to\infty} |a_n| - \dfrac{1}{n}$

収束半径より内部では，$\dfrac{d}{dx}f(x) = \sum_{n=1}^{\infty} n a_n x^{n-1}$, $\quad \int_0^t f(x)dx = \sum_{n=0}^{\infty} \dfrac{a_n}{n+1} t^{n+1}$

**6.** $e^x = \sum_{n=0}^{\infty} \dfrac{x^n}{n!} = 1 + x + \dfrac{x^2}{2!} + \dfrac{x^3}{3!} + \cdots\cdots \quad (r = \infty)$

$$\sin x = \sum_{n=1}^{\infty}(-1)^{n-1}\frac{x^{2n-1}}{(2n-1)!} = x - \frac{x^3}{3!} + \frac{x^5}{5!} - \cdots\cdots \quad (r = \infty)$$

$$\cos x = \sum_{n=0}^{\infty}(-1)^{n}\frac{x^{2n}}{(2n)!} = 1 - \frac{x^2}{2!} + \frac{x^4}{4!} - \cdots\cdots \quad (r = \infty)$$

$$\log(1+x) = \sum_{n=1}^{\infty}(-1)^{n-1}\frac{x^n}{n} = x - \frac{x^2}{2} + \frac{x^5}{3} - \cdots\cdots \quad (r = 1, -1 < x \leqq 1)$$

$$\tan^{-1} x = \sum_{n=1}^{\infty}(-1)^{n-1}\frac{x^{2n-1}}{2n-1} = x - \frac{x^3}{3} + \frac{x^5}{3} - \cdots\cdots \quad (r = 1, -1 \leqq x \leqq 1)$$

$$(1+x)^a = 1 + \sum_{n=1}^{\infty}\frac{a(a-1)(a-2)\cdots(a-n+1)}{n!}x^n \quad (r = 1)$$

とくに，

$$\sqrt{1+x} = 1 + \frac{1}{2}x + \sum_{n=2}^{\infty}(-1)^{n-1}\frac{1\cdot 3\cdots(2n-3)}{2^n n!}x^n, \quad \frac{1}{\sqrt{1+x}} = \sum_{n=0}^{\infty}(-1)^n\frac{(2n)!}{(2^n n!)^2}x^n$$

**7.** $f(x)$ が周期 $2\pi$，区分的に $C^1$ 級の関数で，不連続点では $f(x)=\frac{1}{2}(f(x+0)+f(x-0))$ とするとき，

$$f(x)=\frac{a_0}{2}+\sum_{n=1}^{\infty}(a_n\cos nx+b_n\sin nx)\quad\text{（フーリエ級数）}$$

ここで，$a_n=\frac{1}{\pi}\int_0^{2\pi}f(x)\cos nx dx,\quad b_n=\frac{1}{\pi}\int_0^{2\pi}f(x)\sin nx dx$

## 微分方程式

**1.** $\frac{dy}{dx}=ky$ の解は $y=Ae^{kx}$

**2.** $\frac{d^2y}{dx^2}+a\frac{dy}{dx}+by=0$ の解は，$\lambda$ の 2 次方程式 $\lambda^2+a\lambda+b=0$ の根を考えて，

| | |
|---|---|
| 2 根 $\lambda_1,\lambda_2$ が異なる 2 実根のとき | $y=Ae^{\lambda_1 x}+Be^{\lambda_2 x}$ |
| 根が 2 重根 $\lambda$ のとき | $y=e^{\lambda x}(A+Bx)$ |
| 根が虚根 $\lambda=p\pm iq$ のとき | $y=e^{px}(A\cos qx+B\sin qx)$ |

# 応 用 解 析 公 式 集

## フーリエ解析，ベクトル解析

### フーリエ解析

ここでは，扱う関数 $f(x)$ はすべて区分的に $C^1$ 級，不連続点 $a$ では

$$f(x) = \frac{f(a+0)+f(a-0)}{2}$$

とする．

**1.** $f(x)$ が周期 $2l(l>0)$ の関数のとき，

$$f(x) = a_0 + \sum_{n=1}^{\infty}\left(a_n \cos\frac{n\pi}{l}x + b_n \sin\frac{n\pi}{l}x\right) \quad \text{（フーリエ級数）}$$

ここに，

$$a_0 = \frac{1}{2l}\int_{-l}^{l} f(x)dx, a_n = \frac{1}{l}\int_{-l}^{l} f(x)\cos^{n\pi}\frac{n\pi}{l}xdx, b_n = \frac{1}{l}\int_{-l}^{l} f(x)\sin\frac{n\pi}{l}xdx$$

$f(x)$ が偶関数のときは $b_n = 0$，奇関数のときは $a_0 = 0, a_n = 0$

とくに $l=\pi$ のときは，　$f(x) = a_0 + \sum_{n=1}^{\infty}(a_n \cos nx + b_n \sin nx)$

このとき，$\frac{1}{\pi}\int_{-\pi}^{\pi} f(x)^2 dx = 2{a_0}^2 + \sum_{n=1}^{\infty}\left({a_n}^2 + {b_n}^2\right)$ （パーセバルの式）

例．周期 2 の関数として，

$$x = \sum_{n=1}^{\infty}(-1)^{n-1}\frac{\sin nx}{n}, \quad |x| = \frac{\pi}{2} - 4\sum_{n=1}^{\infty}\frac{\cos(2n-1)x}{(2n-1)^2}$$

**2.** $\displaystyle\int_{-\infty}^{\infty}|f(x)|dx$ が有限のとき，

$$f(x)=\frac{1}{\pi}\int_0^{\infty}d\lambda\int_{-\infty}^{\infty}f(u)\cos\lambda(u-x)du$$ （フーリエ積分定理）

**3.** $\displaystyle\int_0^{\infty}|f(x)|dx$ が有限のとき，$g(\lambda)=\sqrt{\dfrac{2}{\pi}}\displaystyle\int_0^{\infty}f(x)\cos\lambda x dx$ とすると，$f(x)=\sqrt{\dfrac{2}{\pi}}\displaystyle\int_0^{\infty}g(\lambda)\cos\lambda x d\lambda$

（フーリエ余弦変換）

$g(\lambda)=\sqrt{\dfrac{2}{\pi}}\displaystyle\int_0^{\infty}f(x)\sin\lambda x dx$ とすると，$f(x)=\sqrt{\dfrac{2}{\pi}}\displaystyle\int_0^{\infty}g(\lambda)\sin\lambda x d\lambda$

（フーリエ正弦変換）

**4.** $\displaystyle\int_{-\infty}^{\infty}|f(x)|dx$ が有限のとき，

$g(u)=\dfrac{1}{\sqrt{2\pi}}\displaystyle\int_{-\infty}^{\infty}f(x)e^{-iux}dx$ とすると, $f(x)=\dfrac{1}{\sqrt{2\pi}}\displaystyle\int_{-\infty}^{\infty}g(u)e^{iux}du$

（複素フーリエ変換）

$F[f]=\dfrac{1}{\sqrt{2\pi}}\displaystyle\int_{-\infty}^{\infty}f(\lambda)e^{-i\lambda x}d\lambda$ とおくとき，$f\to F[f]$ は線形で，次の性質をもつ.

$$F[f*g]=\sqrt{2\pi}F[f]F[g],\quad F[fg]=\frac{1}{\sqrt{2\pi}}F[f]*F[g]$$

ここに, $f*g=\displaystyle\int_{-\infty}^{\infty}f(x-u)g(u)du$($f,g$ のたたみ込み, convolution).

また，$f^{(n)}=\dfrac{d^nf}{dx^n}$ として，$F[f^{(n)}]=(ix)^nF[f]$

$\|f\|=\left(\displaystyle\int_{-\infty}^{\infty}|f(x)|^2dx\right)^{\frac{1}{2}}$ （ノルム）について，$g=F[f]$ のとき $\|g\|=\|f\|$

例．$F[e^{-\frac{x^2}{2}}]=e^{-\frac{x^2}{2}}$

## ラプラス変換

**1.** $f(t)$ は $t \geqq 0$ で定義された複素数値をとる関数のとき，$f$ のラプラス変換は，

$$L[f(t)] = \int_0^\infty f(t)e^{-st}dt \quad (s\text{の関数})$$

$a > 0, \lim_{t\to\infty} e^{-at}f(t) = 0$ のとき，$\mathrm{Re}\, s > a$ である $s$ の範囲で $L[f]$ が存在する．

**2.** $f \to L[f]$ は線形で，次の性質をもつ

(1)　$L[f(t)] = g(s)$ とおくとき，$L\left[e^{at}f(t)\right] = g(s-a), a > 0$ のとき $L[f(at)] = \frac{1}{a}g\left(\frac{s}{a}\right)$

(2)　$\lim_{t\to\infty} e^{-st}f^{(k)}(t) = 0 (k = 0, 1, 2, \cdots, n-1)$ のとき

$$L\left[f'(t)\right] = sL[f(t)] - f(0), L\left[f''(t)\right] = s^2L[f(t)] - sf(0) - f'(0), \cdots\cdots$$

$$L[f^{(n)}(t)] = s^nL[f(t)] - s^{n-1}f(0) - s^{n-2}f'(0) - \cdots - f^{(n-1)}(0)$$

(3)　$f, g$ のたたみ込みを $f * g$ として，$L[f * g] = L[f]L[g]$

(4) $L[f] = g(s)$ のとき $L[tf(t)] = -\dfrac{d}{ds}g(s), L\left[\dfrac{1}{t}f(t)\right] = \displaystyle\int_s^\infty g(u)du$

**3.** $g(s) = L[f(t)]$ のとき，$c > 0$ として，

$$f(t) = L^{-1}[g(s)] = \lim_{p\to\infty} -\frac{1}{2\pi i}\int_{c-ip}^{c+ip} e^{st}g(s)ds$$

$$L[f(t)] = g(s) \quad L^{-1}[g(s)] = f(t)$$

| $f(t)$ | $1$ | $t^n$ | $e^{ct}$ | $\sqrt{t}$ | $\cos at$ | $\sin at$ | $e^{ct}\cos at$ | $e^{ct}\sin at$ |
|---|---|---|---|---|---|---|---|---|
| $g(s)$ | $\frac{1}{s}$ | $\frac{n!}{s^{n+1}}$ | $\frac{1}{s-c}$ | $\frac{2\sqrt{\pi}}{\sqrt{s}}$ | $\frac{s}{s^2+a^2}$ | $\frac{a}{s^2+a^2}$ | $\frac{s-c}{(s-c)^2+a^2}$ | $\frac{a}{(s-c)^2+a^2}$ |

## ベクトル解析

**1.** (1) 平面上で，直角座標を $(x, y)$ とし，点の関数 $f$（スカラー場）とベクトル場 $\alpha$ を考える．

$f$ の勾配 $\operatorname{grad} f = \left(\dfrac{\partial f}{\partial x}, \dfrac{\partial f}{\partial y}\right)$，　$\nabla = \left(\dfrac{\partial}{\partial x}, \dfrac{\partial}{\partial y}\right)$ として，

$\operatorname{grad} f = \nabla f$

ベクトル場 $\alpha = (u, v)$ について，

$\alpha$ の発散　$\operatorname{div} \alpha = \dfrac{\partial u}{\partial x} + \dfrac{\partial v}{\partial y}$，　$\nabla$ を使って表すと，$\operatorname{div} \alpha = \nabla \cdot \alpha$

$\alpha$ の回転 $\operatorname{rot} \alpha = \dfrac{\partial v}{\partial x} - \dfrac{\partial u}{\partial y}$，　$\operatorname{rot} \alpha = \nabla \times \alpha$

点の関数 $f$ について $f$ のラプラシアン $\Delta f$ は，

$$\Delta f = \operatorname{div} \operatorname{grad} f = \nabla \cdot (\nabla f) = \frac{\partial^2 f}{\partial x^2} + \frac{\partial^2 f}{\partial y^2}$$

(2) 空間で，直角座標 $(x, y, z)$ について，

勾配 $\operatorname{grad} f = \left(\dfrac{\partial f}{\partial x}, \dfrac{\partial f}{\partial y}, \dfrac{\partial f}{\partial z}\right)$，　$\nabla = \left(\dfrac{\partial}{\partial x}, \dfrac{\partial}{\partial y}, \dfrac{\partial}{\partial z}\right)$ として，

$\operatorname{grad} f = \nabla f$

ベクトル場 $\alpha = (u, v, w)$ について，

発散 $\operatorname{div} \alpha = \dfrac{\partial u}{\partial x} + \dfrac{\partial v}{\partial y} + \dfrac{\partial w}{\partial z}, \operatorname{div} \alpha = \nabla \cdot \alpha$

回転（ベクトル）$\operatorname{rot} \alpha = \left(\dfrac{\partial w}{\partial y} - \dfrac{\partial v}{\partial z}, \dfrac{\partial u}{\partial z} - \dfrac{\partial w}{\partial x}, \dfrac{\partial v}{\partial x} - \dfrac{\partial u}{\partial y}\right)$，

$\operatorname{rot} \alpha = \nabla \times \alpha$

ラプラシアン $\Delta f = \operatorname{div} \operatorname{grad} f = \nabla \cdot (\nabla f) = \dfrac{\partial^2 f}{\partial x^2} + \dfrac{\partial^2 f}{\partial y^2} + \dfrac{\partial^2 f}{\partial z^2}$

**2.** $\operatorname{grad} f = \nabla f, \operatorname{div} \alpha = \nabla \cdot \alpha, \operatorname{rot} \alpha = \nabla \times \alpha$ について，

(1) $\nabla f$ は $f$ について線形，つまり，$\nabla (f_1 + f_2) = \nabla f_1 + \nabla f_2, \nabla(cf) = c\nabla f$（$c$ は定数）$\nabla \cdot \alpha, \nabla \times \alpha$ も $\alpha$ について線形

(2) $f, u$ が点の関数，$\alpha$ がベクトル場のとき

$\nabla(fu) = \nabla f \cdot u + f\nabla u, \nabla \cdot (f\alpha) = (\nabla f, \alpha) + f\nabla \cdot \alpha$（$(\nabla f, \alpha)$ は内積）

$\nabla \times (f\alpha) = f(\nabla \times \alpha) + \nabla f \times \alpha$

(3) $\nabla \times \nabla f = 0$，　$\nabla \cdot (\nabla \times \alpha) = 0$，　$\nabla \times (\nabla \times \alpha) = \nabla(\nabla \cdot \alpha) - \nabla^2 \alpha$

($\nabla^2\alpha$ は $\alpha$ の成分に $\nabla^2$ を施したもの)

## 3. 積分公式

(1) 平面上のベクトル場 $\alpha=(u,v)$ と，閉曲線 $c$ で囲まれた領域 $D$ があって，$c$ は $D$ の内部を左手に見てまわる線のとき，

$$\iint_D \left(\frac{\partial v}{\partial x}-\frac{\partial u}{\partial y}\right)dxdy=\int_c(udx+vdy)$$

別の表し方で，$\displaystyle\iint_D \nabla\times\alpha dS=\int\alpha_t ds$（グリーンの公式）

ここで，$dS$ は面素（面積素片），$\alpha_t$ は $\alpha$ の $c$ 接線方向への成分

(2) 空間のベクトル場 $\alpha=(u,v,w)$，向きを考えた面 $S$，これを正の向きに 1 周する 線 $c$ について，

$$\iint_S\left(\left(\frac{\partial w}{\partial y}-\frac{\partial v}{\partial z}\right)dydz+\left(\frac{\partial u}{\partial z}-\frac{\partial w}{\partial x}\right)dzdx+\left(\frac{\partial v}{\partial x}-\frac{\partial u}{\partial y}\right)dxdy\right)$$
$$=\int_c(udx+vdy+wdz)$$

別の表し方で，$\displaystyle\iint_S(\nabla\times\alpha)_n dS=\int_c\alpha_t ds$　（ストークスの公式）

ここで，$dS$ は面素，$ds$ は線素，$(\quad)_n$ は $S$ の法線方向への成分，$\alpha_t$ は $\alpha$ の接線成分

(3) 空間のベクトル場 $\alpha=(u,v,w)$，$D$ は閉曲面 $S$ で囲まれた領域で，$S$ は $D$ の外側を正の向きとして向きがつけられているとき，

$$\iiint_D\left(\frac{\partial u}{\partial x}+\frac{\partial v}{\partial y}+\frac{\partial w}{\partial z}\right)dxdydz=\iint_S(udydz+vdzdx+wdxdy)$$

別の表し方で，$\displaystyle\iiint_D\nabla\cdot\alpha dV=\iint_S\alpha_n dS$（ガウスの公式）

ここで，$dV$ は体素，$dS$ は面素，$\alpha_n$ は $S$ 上での $\alpha$ の法線成分

(4) $\Delta$ はラプラスの作用素，$D$ は閉曲面 $S$ で囲まれた領域で，$S$ は $D$ の外側を正の向きとするとき，

$$\iiint_D(f\Delta g+(\nabla f,Fg))dV=\iint_S f\frac{\partial g}{\partial n}dS$$

$$\iiint_D (f\Delta g - g\Delta f)dV = \iint_S \left(f\frac{\partial g}{\partial n} - g\frac{\partial f}{\partial n}\right)dS$$

$\left(\begin{array}{l} dV \text{ は体素}, dS \text{ は面素} \\ -\frac{\partial}{\partial n} \text{ は } S \text{ 法線方向の微分を示す} \end{array}\right)$

**4.** 微分形式（外微分形式）

微分についての外積算法では，$dx \wedge dy = -dy \wedge dx, dx \wedge dx = 0, (dx \wedge dy) \wedge dz = dx \wedge (dy \wedge dz)$ 外微分．　$p, q, r$ が $x, y, z$ の関数のとき，

1 階の微分形式（1 次微分式）$\omega = pdx + qdy + rdz$ について，

$$\begin{aligned} d\omega &= dp \wedge dx + dq \wedge dy + dr \wedge dz \\ &= \left(\frac{\partial r}{\partial y} - \frac{\partial q}{\partial z}\right)dy \wedge dz + \left(\frac{\partial p}{\partial z} - \frac{\partial r}{\partial x}\right)dz \wedge dx + \left(\frac{\partial q}{\partial x} - \frac{\partial p}{\partial y}\right)dx \wedge dy \end{aligned}$$

2 階の微分形式 $\omega = pdy \wedge dz + qdz \wedge dx + rdx \wedge dy$ について，

$$d\omega = dp \wedge dy \wedge dz + dq \wedge dz \wedge dx + dr \wedge dx \wedge dy = \left(\frac{\partial p}{\partial x} + \frac{\partial q}{\partial y} + \frac{\partial r}{\partial z}\right)dx \wedge dy \wedge dz$$

**5.**　(1)　$\omega_1, \omega_2$ が同じ階数の微分形式のとき，　$d(\omega_1 + \omega_2) = d\omega_1 + d\omega_2$

$f$ が関数，$\omega$ が微分形式のとき，　$d(f\omega) = df \wedge \omega + fd\omega$

$\omega_1, \omega_2$ が微分形式で，$\omega_1$ が $n$ 階のとき，

$d(\omega_1 \wedge \omega_2) = d\omega_1 \wedge \omega_2 + (-1)^n \omega_1 \wedge d\omega_2$

(2)　$\Omega$ が $n$ 階の微分形式のとき，$\Omega = d\omega$ ならば $d\Omega = 0$

逆に $d\Omega = 0$ ならば $\Omega = d\omega$ となる $\omega$ が局所的に存在する．

(3) $D$ が平面上，または空間の領域，$\partial D$ がその境界として，グリーン，ストークス，ガウスの公式は，次の公式にまとめられる（一般のストークスの公式）

$\int_D d\omega = \int_{\partial D} \omega$　（ここでは $\int$ は 2 次元，3 次元の場合も考える）

## 6. 曲線座標

(1) 平面上の点の直角座標 $(x, y)$ について,

$x = x(u_1, u_2), y = y(u_1, u_2)$

曲面上の点の直角座標 $(x, y, z)$ について,

$x = x(u_1, u_2), y = y(u_1, u_2), z = z(u_1, u_2)$

これらの場合，曲線の弧の長さの微分を $ds$, 領域の面素を $dS$ とすると,

平面上 $ds^2 = dx^2 + dy^2$　曲面上 $ds^2 = dx^2 + dy^2 + dz^2$

$$dS = dx \wedge dy \quad dS = \sqrt{\left(\frac{\partial(y,z)}{\partial(u_1,u_2)}\right)^2 + \left(\frac{\partial(z,x)}{\partial(u_1,u_2)}\right)^2 + \left(\frac{\partial(x,y)}{\partial(u_1,u_2)}\right)^2} du_1 \wedge du_2$$

が曲線座標 $u_1, u_2$ によって次の形で表される.

$$ds^2 = \sum_{i,j=1,2} g_{ij}(u_1, u_2)\, du_i du_j \quad dS = \sqrt{g_{11}g_{22} - g_{12}^2}\, du_1 \wedge du_2$$

$i \neq j$ ならば $g_{ij} = 0$ のとき，$u_1, u_2$ を直交座標という.

例．平面上の直角座標 $(r, \theta)$ については，$ds^2 = dr^2 + r^2 d\theta^2, dS = r dr \wedge d\theta$

原点を中心とする半径 $a$ の球面上の点の極座標（球面座標）を $(a, \theta, \varphi)$ とすると,

$$ds^2 = a^2 \left(d\theta^2 + \sin^2\theta d\varphi^2\right), \quad dS = a^2 \sin\theta d\theta \wedge d\varphi$$

(2) 空間で，点の直角座標 $(x, y, z)$ について，$x = x(u_1, u_2, u_3), y = y(u_1, u_2, u_3), z = z(z_1, z_2, z_3)$ のとき，曲線の長さの微分 $ds$ について，$ds^2 = \sum_{i,j=1,2,3} g_{ij}(u_1, u_2, u_3) du_i du_j \quad (g_{ij} = g_{ji})$ 3 次の行列 $(g_{ij})$ の行列式を $g$ で表すと，空間の体積素片は，$dV = \sqrt{g} du_1 \wedge du_2 \wedge du_3$

$i \neq j$ ならば $g_{ij} = 0$ のとき，$u_1, u_2, u_3$ を直交座標という.

例．円柱座標 $(r, \theta, z)$ では，$ds^2 = dr^2 + r^2 d\theta^2 + dz^2, dV = r dr \wedge d\theta \wedge dz$

球面座標 $(r, \theta, \varphi)$ では，$ds^2 = dr^2 + r^2 d\theta^2 + r^2 \sin^2\theta d\varphi^2, \quad dV = r^2 \sin\theta dr \wedge d\theta \wedge d\varphi$

直交座標 $u_1, u_2, u_3$ について，　$ds^2 = (c_1 du_1)^2 + (c_2 du_2)^2 + (c_3 du_3)^2$ とおくとき，ラプラスの作用素 $\Delta = \dfrac{\partial^2}{\partial x^2} + \dfrac{\partial^2}{\partial y^2} + \dfrac{\partial^2}{\partial z^2}$ は次の形になる．

$$\Delta f = \frac{1}{c_1 c_2 c_3}\left(\frac{\partial}{\partial u_1}\left(\frac{c_2 c_3}{c_2}\frac{\partial f}{\partial u_1}\right) + \frac{\partial}{\partial u_2}\left(\frac{c_3 c_1}{c_2}\frac{\partial f}{\partial u_2}\right) + \frac{\partial}{\partial u_3}\left(\frac{c_1 c_2}{c_3}\frac{\partial f}{\partial u_3}\right)\right)$$

例．円柱座標 $(r, \theta, z)$ では，$\Delta f = \dfrac{\partial^2 f}{\partial r^2} + \dfrac{1}{r}\dfrac{\partial f}{\partial r} + \dfrac{1}{r^2}\dfrac{\partial^2 f}{\partial \theta^2} + \dfrac{\partial^2 f}{\partial z^2}$.

球面座標 $(r, \theta, \varphi)$ では，$\Delta f = \dfrac{\partial^2 f}{\partial r^2} + \dfrac{2}{r}\dfrac{\partial f}{\partial r} + \dfrac{1}{r^2 \sin\theta}\dfrac{\partial}{\partial \theta}\left(\sin\theta \dfrac{\partial f}{\partial \theta}\right) + \dfrac{1}{r^2 \sin^2\theta}\dfrac{\partial^2 f}{\partial \varphi^2}$

# 大学教養課程　代数・幾何 の 定理・公式

## 整数と整式

**1.** $a, b$ が自然数，$c$ が整数のとき，$ax + by = c$ となる整数 $x, y$ が存在するための必要十分条件は，$c$ が $a, b$ の最大公約数で割りきれることである．

とくに，$a, b$ がたがいに素のとき，$ax + by = 1$ となる整数 $x, y$ が存在する．

**2.** $a, b$ が整数で，$ab$ が素数 $p$ で割りきれるときは，$a, b$ の少くとも一方が $p$ で割りきれる．

**3.** 自然数 $a$ の素因数分解は 1 通りしかない．

**4.** 自然数 $m$ をもとにしてできる整数の剰余系は環になっている．とくに，$m$ が素数のときは，体になっている．

数の範囲を 有理数，実数，複素数のどれかとして，$x$ の整式を考える．

**1′.** $f(x), g(x), h(x)$ が整式のとき，$f(x)l(x)+g(x)m(x) = h(x)$ となる整式 $l(x)$，$m(x)$ が存在するための必要十分条件は，$h(x)$ が $f(x), g(x)$ の最大公約式で割りきれることである．とくに，$f(x), g(x)$ がたがいに素の整式のとき，$f(x)l(x)+g(x)m(x) = 1$ となる整式 $l(x), m(x)$ が存在する．

**2′.** $f(x), g(x)$ が整式で，$f(x)g(x)$ が既約な整式 $p(x)$ で割り

きれるとき，$f(x)$，$g(x)$ の少くとも一方が $p(x)$ で割りきれる．

**3′.** 係数にとる数の範囲を定めておけば，整式の既約な整式への分解は一意的である．

**4′.** 整式 $m(x)$ をもとにしてできる整式の剰余系は環になっている．とくに $m(x)$ が既約のときは，体になっている．

## 複　素　数

**1.** 複素数の全体では加減乗除（0 で割ることは考えない）が自由にできる（体になっている）

**2.** 複素数 $z = x + yi$ の共役複素数を $\bar{z} = x - yi$ で表すとき，

$$\overline{z_1 + z_2} = \bar{z}_1 + \bar{z}_2, \quad \overline{z_1 - z_2} = \bar{z}_1 - \bar{z}_2, \quad \overline{z_1 z_2} = \bar{z}_1 \bar{z}_2, \quad \overline{\left(\frac{z_2}{z_1}\right)} = \frac{\bar{z}_2}{\bar{z}_1}$$

**3.** 複素平面上で，点 0 から点 $z_1, z_2$ へいたる 2 つのベクトルの和は，点 0 から点 $z_1 + z_2$ へいたるベクトルに等しい．

点 $z_1$ から点 $z_2$ へいたるベクトルは，点 0 から点 $z_2 - z_1$ へいたるベクトルに等しい．

**4.** $z$ の絶対値を $|z|$，偏角を $\angle(z)$ とすると，

$$|z_1 z_2| = |z_1| \cdot |z_2|, \quad \angle(z_1 z_2) = \angle(z_1) + \angle(z_2), \quad \left|\frac{z_2}{z_1}\right| = \frac{|z_2|}{|z_1|}$$

$$\angle\left(\frac{z_2}{z_1}\right) = \angle(z_2) - \angle(z_1)$$

**5.** $|z|=r, \angle(z)=\theta$ とおくと，$z=re^{i\theta}\left(e^{i\theta}=\cos\theta+i\sin\theta\right), \bar{z}=re^{-i\theta}$

$$e^{i\theta}\cdot e^{i\varphi}=e^{i(\theta+\varphi)}, \quad \left(e^{i\theta}\right)^n=e^{in\theta}\ (n\text{は自然数})$$

複素平面上で，点 $z$ を原点を中心として $k(>0)$ 倍にのばした点は $kz$，原点を中心として角 $\theta$ だけ回転した点は，$e^{i\theta}z$.

**6.** $z^n=1$（$n$ は自然数）となる $z$ は $1, \alpha, \alpha^2, \cdots, \alpha^{n-1}\left(\alpha=e^{i\frac{2\pi}{n}}\right)$.

## 代数方程式

**1.** 複素数を係数とする $n$ 次方程式は，ちょうど $n$ 個の複素数の根をもつ．ただし，$k$ 重根は $k$ 個に数えるものとする．

複素数の範囲では，$x$ の $n$ 次式は次の形に素因数分解される．$(k_1+k_2+\cdots+k_r=n)$

$$f(x)=a_0\prod_{i=1}^{r}(x-\alpha_i)^{k_i}=a_0(x-\alpha_1)^{k_1}(x-\alpha_2)^{k_2}\cdots(x-\alpha_r)^{k_r}$$

**2.** $n$ 次方程式 $a_0x^n+a_1x^{n-1}+\cdots+a_{n-1}x+a_n=0\,(a_0\neq 0)$ の $n$ 個の根を $\alpha_1, \alpha_2, \cdots$，$\alpha_n$ とするとき，それらについての基本対称式 $\sum\alpha_1, \Sigma\alpha_1\alpha_2, \cdots\cdots$ について，

$$\sum\alpha_1=\alpha_1+\alpha_2+\cdots+\alpha_n=-\frac{a_1}{a_0}$$

$$\sum\alpha_1\alpha_2=\alpha_1\alpha_2+\alpha_1\alpha_3+\alpha_1\alpha_4+\cdots+\alpha_2\alpha_3+\alpha_2\alpha_4+\cdots+\alpha_{n-1}\alpha_n=\frac{a_2}{a_0}$$

$$\sum\alpha_1\alpha_2\alpha_3=\alpha_1\alpha_2\alpha_3+\alpha_1\alpha_2\alpha_4+\cdots+\alpha_1\alpha_3\alpha_4+\cdots+\alpha_{n-2}\alpha_{n-1}\alpha_n=-\frac{a_3}{a_0}$$

$\cdots\cdots\cdots\cdots\cdots\cdots\cdots\cdots$

$$\alpha_1\alpha_2\cdots\alpha_n=(-1)^n\frac{a_n}{a_0}$$

**3.** $x_1, x_2, \cdots, x_n$ の対称整式は，基本対称式 $p_1 = \sum x_1, p_2 = \sum x_1x_2, p_3 = \sum x_1x_2x_3$，$\cdots, p_n = x_1x_2\cdots x_n$ の整式として表される．

**4.** 整数を係数とする代数方程式では，$\alpha$ が根であればその共役複素数 $\bar{\alpha}$ も根であり，$\alpha$ が $k$ 重根であれば，$\bar{\alpha}$ も $k$ 重根である．

実数係数の $n$ 次式は，実数の範囲で次のように素因数分解される．

$$f(x) = a_0 \prod_{i=1}^{r} (x - c_i)^{k_i} \prod_{j=1}^{s} \left((x - p_j)^2 + q_j^2\right)^{l_j} \quad (q \neq 0)$$

$$(k_1 + k_2 + \cdots + k_r + 2l_1 + 2l_2 + \cdots + 2l_s = n)$$

**5.** $f(x), g(x)$ が複素係数の整式のとき，$\dfrac{f(x)}{g(x)}$ は次の形（部分分数の和）に直せる．

$$\frac{g(x)}{f(x)} = k(x) + \sum_{i=1}^{r} \left( \frac{C_{i1}}{x-\alpha_i} + \frac{C_{i2}}{(x-\alpha_i)^2} + \cdots + \frac{C_{ik_i}}{(x-\alpha_i)^{k_i}} \right) (k(x)\text{は整式})$$

$f(x), g(x)$ が実数係数の整式のとき，$\dfrac{g(x)}{f(x)}$ は実数の範囲で次の形に変形される．

$$\frac{g(x)}{f(x)} = k(x) + \sum_{i=1}^{r} \left( \frac{C_{i1}}{x - c_i} + \frac{C_{i2}}{(x - c_i)^2} + \cdots + \frac{C_{iki}}{(x - c_i)^{k_i}} \right)$$
$$+ \sum_{j=1}^{s} \left( \frac{A_{j1}x + B_{j1}}{(x - p_j)^2 + q_j^2} + \frac{A_{j2}x + B_{j2}}{\left((x - p_j)^2 + q_j^2\right)^2} + \cdots + \frac{A_{jlj}x + B_{jlj}}{\left((x - p_j)^2 + q_j^2\right)^{l_j}} \right)$$

---

**数の系統**

数は，物を数えることに発した自然数から始まり，負の数と 0 を入れた整数へ進み，除法が可能であるようにするために有理数が構成される．加減乗除を主体とする数の体系はここで一応完結するが，連続性の立場から実数へ発展し，さらに 2 次方程式の根という立場から複素数が導入され，そこでは，「複素係数の $n$ 次方程式は複素数の範囲で $n$ 個の根をもつ」というガウスの定理に到達する．この定理の内容を「複素数全体の集合は代数的に閉じている」という．他方，整数を係数とする方程式の根を主眼とする立場からは，$\{a+bi \mid a, b \text{ 整数 }\}, \{a+b\sqrt{2} \mid a, b \text{ 有理数 }\}$ といった数の集合が研究され，また，整数全体をきまった整数 $m$ をもとにして分類して作った剰余系などが扱われる．現代の代数学では，こうしたものを母体として，もっと一般的な体系が深く追究されている．

---

## 行列と行列式

**1.** $A=(a_{ij}), B=(b_{ij})$ がともに $m \times n$ 行列のとき，$A+B=(a_{ij}+b_{ij}), kA=(ka_{ij})$ $m \times n$ 行列の全体は加法について群をなし，また $k(A+B)=kA+kB, (k+l)A=kA+lA$

**2.** $A=(a_{ij})$ が $l \times m$ 行列，$B=(b_{jk})$ が $m \times n$ 行列のとき，$AB=(c_{ik})$ は $l \times n$ 行列で，

$c_{ik}=\sum_j a_{ij}b_{jk}$. また $A$ の転置行列を ${}^tA$ とすると，${}^t(AB)={}^tB\,{}^tA$

**3.** $A=(a_{ij})$ が $n$ 次の正方行列のとき，それからできる行列式は，

$$|A|=\begin{vmatrix} a_{11} & a_{12} & \cdots & a_{1n} \\ a_{21} & a_{22} & \cdots & a_{2n} \\ \cdots & \cdots & \cdots & \cdots \\ a_{n1} & a_{n2} & \cdots & a_{nn} \end{vmatrix}=\sum \pm a_{1i_1}a_{2i_2}\cdots a_{ni_n}$$

ここで，$i_1, i_2, \cdots, i_n$ は $1, 2, \cdots, n$ の順列で，その順列の偶奇によって $\pm$ をきめ，順列の全体にわたって和をつくる．

(1) 行列式では，行と列を入れかえても，式としては変わらない．

(2) 行列式は，各行（各列）の文字について 1 次同次式である．

(3) 行列式では 2 つの行（列）を入れかえると符号が変わる．

2 つの 行（列）が比例していると，その行列式は 0 ．

(4) 行列式では，1 つの行（列）に他の行（列）の $k$ 倍を加えても，変わらない．

**4.** $A, B$ が $n$ 次の正方行列のとき $|AB| = |A| \cdot |B|$,　$|kA| = k^n|A|$

$|A| \neq 0$ のとき，$A$ の逆行列 $A^{-1}$ が存在する $\left(AA^{-1} = A^{-1}A = E\right)$．また，$(AB)^{-1} = B^{-1}A^{-1}$

**5.** $x_1, \cdots, x_n$ の 1 次連立方程式 $\sum_{j=1}^{n} a_{ij}x_j = b_i (i = 1, 2, \cdots, m)$ に解があるための必要十分条件は，

$$A = \begin{pmatrix} a_{11} & a_{12} & \cdots & a_{1n} \\ \cdots & \cdots & \cdots & \cdots \\ a_{m1} & a_{m2} & \cdots & a_{mn} \end{pmatrix}, \quad B = \begin{pmatrix} a_{11} & a_{12} & \cdots & a_{1n} & b_1 \\ \cdots & \cdots & \cdots & \cdots & \\ a_{m1} & a_{m2} & \cdots & a_{mn} & b_m \end{pmatrix}$$

の階数が等しいことである．

$m = n$ で，$|A| \neq 0$ のときは，解は $x_i = \dfrac{1}{|A|}\Delta_i (i = 1, 2, \cdots, n)$

ここで，$\Delta_i$ は $|A|$ の第 $i$ 列を $b_1, b_2, \cdots, b_n$ でおきかえたもの．

$m = n$ で，$b_1 = b_2 = \cdots = b_n = 0$ のとき，$(x_1, x_2, \cdots, x_n) \neq (0, 0, \cdots, 0)$ の解があるための必要十分条件は $|A| = 0$．

---

## 線形数学

線形というのは linear の訳語であるが，この英語は「1 次」とも訳される．線形（線型ともかく）というのは「直線的」ということで，これと 1 次との関連は，「平面上で，デカルト座標（とくに直

角座標） $x, y$ についての 1 次方程式は直線を表す」という点にある．線形数学というのは，こうして「直線的なもの」，「1 次的なもの」を扱う数学で，そこでは，ベクトル，行列などに始まり，広い意味のベクトル空間と，そこでの線形写像を扱う．ベクトル空間 $V$ からベクトル空間 $W$ への線形写像 $f: \boldsymbol{x} \to \boldsymbol{y}$ というのは，$f(\boldsymbol{x}_1 + \boldsymbol{x}_2) = f(\boldsymbol{x}_1) + f(\boldsymbol{x}_2), f(k\boldsymbol{x}) = kf(\boldsymbol{x})$ という条件をみたす写像であるが，$V, W$ が有限次元のときは $\boldsymbol{x}, \boldsymbol{y}$ を成分で表すと $f$ は $y_i = \sum_{j=1}^{m} a_{ij}x_j (i = 1, 2, \cdots, n)$ といった形の 1 次変換で表され，これはまた行列で表すことができる．

ベクトル空間としては関数を元とする関数空間も考えられ，そこでの線形写像は，微分法や積分法と関連して極めて大切で，応用も広い．

---

## 3 次元の空間

**1.** $\boldsymbol{a}, \boldsymbol{b}$ の直角成分が，それぞれ $(a_1, a_2, a_3), (b_1, b_2, b_3)$ のとき，

内積 $(\boldsymbol{a}, \boldsymbol{b}) = a_1b_1 + a_2b_2 + a_3b_3$，$|\boldsymbol{a}| = \sqrt{(\boldsymbol{a}, \boldsymbol{a})} = \sqrt{{a_1}^2 + {a_2}^2 + {a_3}^2}$

$\boldsymbol{a} \neq 0, \boldsymbol{b} \neq 0$ のときは，$\boldsymbol{a}, \boldsymbol{b}$ のつくる角を $\theta$ とすると，$(\boldsymbol{a}, \boldsymbol{b}) = |\boldsymbol{a}| \cdot |\boldsymbol{b}| \cos\theta$

$(\boldsymbol{a}, \boldsymbol{b}) = 0 \rightleftarrows \boldsymbol{a} = 0$ または $\boldsymbol{b} = 0$ または $\boldsymbol{a} \perp \boldsymbol{b}$

**2.** $\boldsymbol{a}, \boldsymbol{b}$ の右手系の直角成分が，それぞれ $(a_1, a_2, a_3), (b_1, b_2, b_3)$ のとき，

外積 $[\boldsymbol{a}, \boldsymbol{b}] = (a_2b_3 - a_3b_2, a_3b_1 - a_1b_3, a_1b_2 - a_2b_1)$

$[\boldsymbol{a}, \boldsymbol{b}] = 0 \rightleftarrows \boldsymbol{a}, \boldsymbol{b}$ が 1 次従属

$[\boldsymbol{a}, \boldsymbol{b}] \neq 0$ のときは，これは $\boldsymbol{a}, \boldsymbol{b}$ に垂直で，

$|[\boldsymbol{a},\boldsymbol{b}]| = |\boldsymbol{a}|\cdot|\boldsymbol{b}|\sin\theta$　（$\theta$ は $\boldsymbol{a},\boldsymbol{b}$ のつくる 0 と $\pi$ の間の角）

**3.** $\boldsymbol{a},\boldsymbol{b},\boldsymbol{c}$ の右手系の直角成分が，それぞれ $(a_1,a_2,a_3)$，$(b_1,b_2,b_3)$，$(c_1,c_2,c_3)$ のとき

$$3\text{ 重積 } (\boldsymbol{a},\boldsymbol{b},\boldsymbol{c}) = ([\boldsymbol{a},\boldsymbol{b}],\boldsymbol{c}) = \begin{vmatrix} a_1 & a_2 & a_3 \\ b_1 & b_2 & b_3 \\ c_1 & c_2 & c_3 \end{vmatrix}$$

$(\boldsymbol{a},\boldsymbol{b},\boldsymbol{c}) = 0 \rightleftarrows \boldsymbol{a},\boldsymbol{b},\boldsymbol{c}$ が 1 次従属

$\overrightarrow{\mathrm{OA}} = \boldsymbol{a}, \overrightarrow{\mathrm{OB}} = \boldsymbol{b}, \overrightarrow{\mathrm{OC}} = \boldsymbol{c}$ を 3 辺とする平方六面体の体積は $|(\boldsymbol{a},\boldsymbol{b},\boldsymbol{c})|$

**4.** 直角座標について，原点のまわりの回転を表す式は，

平面上では $x' = x\cos\theta - y\sin\theta,\quad y' = x\sin\theta + y\cos\theta$

空間では，　$x' = p_{11}x + p_{12}y + p_{13}z, y' = p_{21}x + p_{22}y + p_{23}z,$
$z' = p_{31}x + p_{32}y + p_{33}z$（係数の行列 $(p_{ij})$ は直交行列）

**5.** 平面上で、 $x,y$ の 2 次方程式の表す図形は，次のどれかである．

楕円，双曲線，放物線，交わる 2 直線，平行 2 直線，1 直線，1 点，空集合

空間で， $x,y,z$ の 2 次方程式の表す図形は，次のどれかである．

楕円面，2 葉双曲面，1 葉双曲面，2 次の錐面，楕円放物面，双曲放物面，交わる 2 平面, 平行 2 平面, 1 平面, 1 直線, 1 点，空集合

$$\frac{x^2}{a^2}+\frac{y^2}{b^2}+\frac{z^2}{c^2} = 1(\text{楕円面}), \frac{x^2}{a^2}+\frac{y^2}{b^2}-\frac{z^2}{c^2} = \varepsilon \begin{pmatrix} \varepsilon = -1 & 2\text{ 葉双曲面} \\ \varepsilon = 1 & 1\text{ 葉双曲面} \\ \varepsilon = 0 & 2\text{ 次の錐面} \end{pmatrix}$$

$$z = \frac{x^2}{a^2} + \frac{y^2}{b^2}\ (\text{楕円放物面}),\quad z = \frac{x^2}{a^2} - \frac{y^2}{b^2}\ (\text{双曲放物面})$$

## ベクトル空間

**1.** もとになる数の範囲は，有理数，実数，複素数などとする．

ベクトル空間では $\boldsymbol{a}+\boldsymbol{b}, k\boldsymbol{a}$ が定義され，ふつうの計算ができる．

**2.** 実数をもとにするベクトル空間では，内積が定義される（計量ベクトル空間）．

有限次元の計量ベクトル空間では，単位直交系となる基が存在する．

単位直交系を単位直交系へ移す 1 次変換は直交変換である．

**3.** 実数係数の 2 次形式 $\sum_{i,j} a_{ij}x_ix_j \, (a_{ij}=a_{ji})$ は，直交変換 $x_i=\sum_j p_{ij}X_j$ によって標準形 $\sum_i \lambda_i {X_i}^2$ に直せる．固有値 $\lambda_i$ は固有方程式の解である．

著者紹介：

**森　毅**（もり・つよし）

1928年生まれ

京都大学名誉教授

**現数 Select　No.2　重積分**

2023年11月21日　初版第1刷発行

著　者　森　毅

発行者　富田　淳

発行所　株式会社　現代数学社

〒606-8425 京都市左京区鹿ヶ谷西寺ノ前町1

TEL 075 (751) 0727　FAX 075 (744) 0906

https://www.gensu.co.jp/

装　幀　中西真一（株式会社 CANVAS）

印刷・製本　亜細亜印刷株式会社

ISBN 978-4-7687-0620-6　2023 Printed in Japan